国家骨干校建设成果

复旦卓越·21世纪烹饪与营养系列

淮扬名点制作

主　编　丁玉勇　张　丽　赵翠云
副主编　相进军　吴婷婷　周成建

TWENTY-FIRST CENTURY
COOKING AND NU　　　　SERIES

U0220242

复旦大學出版社
www.fudanpress.com.cn

编写委员会

主　任　陈善军（无锡艾迪花园酒店）

副主任　吴　强（淮扬菜集团股份有限公司）
　　　　　陆继禹（吴江宾馆）
　　　　　陈金标（无锡商业职业技术学院）
　　　　　李　红（江苏食品药品职业技术学院）

前　言

中式面点制作是全国高职院校烹饪工艺与营养专业的一门必修课程,由于我国各地各菜系的面点种类繁多,要全面掌握难度很大。淮扬面点是传统公认的我国面点三大风味流派之一,也是做工精细的主流宴席面点,因此是很多院校所选的教学内容。我院地处淮安,是淮扬面点的核心发源地,顺理成章单独开设淮扬面点制作课程。但市场上此前并没有淮扬名点的统编教材,本教材以淮扬菜集聚区代表性的名点为对象,编制成一本理实并重的教材,既可以作为本校的校本教材,又有一定的通用性。

本教材的编制原则有以下四个方面。

(1) 选择江、浙、沪、皖淮扬菜集聚区代表性的名点为对象。

(2) 理实并重,以实践项目为主线,理论服务于实践,文化提升层次。

(3) 以实用为目的,教材内容选择与餐饮企业实际需要紧密结合,并与餐饮企业合作编写。

(4) 教材内容编排符合教学需要,教学视频、课件内容配套一致,便于教师课堂授课以及学生课外强化学习。

本教材特色如下。

(1) 内容体系新,区别于已有其他教材,所收录面点实例均为实用性较强的地方名点。

(2) 教材图文并茂,易于学习。

(3) 每道面点实例都用营养软件进行了营养成分分析,对制作者和食用者都具有重要参考价值。

本教材编写人员为:江苏食品药品职业技术学院教授、高级技师丁玉勇,江苏食品药品职业技术学院讲师吴婷婷、谷绒,无锡商业职业技术学院副教授、高级技师陈金标,江苏联合职业技术学院讲师、中国烹饪大师相进军,江苏联合职业技术学院副教授、高级技师张丽,无锡艾迪花园酒店有限公司技师赵翠云,淮扬菜集团股份有限公司技师周成建、张燕。教材的编写和面点制作过程的拍摄得到了无锡艾迪花园酒店有限公司、淮扬菜集团股份有限公司、吴江宾馆的大力支持,在此一并表示感谢。在编写过程中,参考并引用了一些书籍、期刊和网络上的内容,在此向作者致以衷心的谢意。

由于本教材编制时间仓促,参考资料不足,错误在所难免,敬请读者批评指正。

目 录 CONTENTS

第1章

绪 论

教学目标

通过学习,要求学生了解中式面点的起源和发展历程,了解淮扬面点的起源、淮扬菜集聚区的概念,了解淮扬面点的种类、特点和发展历程,了解淮扬名点课程的教学内容和学习方法。

第一节　中式面点的起源与发展

　　"面点"是"面食"和"点心"的合称,现在一般指正餐以外的小分量食品,它有广义与狭义之分。广义的面点,包括主食、小吃、点心和糕点;狭义的面点,则将比较粗放的主食、部分小吃排除在外。从面点演变规律来看,是先有主食、小吃,后有点心、糕点;从主食进化到面点,需要一段发展过程。

　　我国主食出现很早。古人学会用火,"石上燔谷"(在薄石板上烤食野生植物籽实)的时候,就可视作主食的开端。虽然这种食品还十分简陋,但它已具有面食的某些属性。经过几十万年摸索,到了新石器时期,先民已能够将舂去皮(麦麸)的整粒谷物烤、煮、蒸,制成比较香美的饭、粥、羹、糗(谷物熬熟后晾干捣粉），主食已得到了进一步的完善和发展。湖北京山的屈家岭文化遗址，发现一口口径876厘米，高344厘米，容量6 250立方厘米的陶锅，经考证，这是4 600—5 000年前煮米饭的器具，一锅可供50人食用。由此可见，那时的主食制作已有相当的技术。不过，在商代和商代以前，主食品种仍较单调，在公元前21世纪问世的甲骨文中，目前尚未发现有关精细面食——面点的文字，之所以如此，是当时物质技术条件还不能满足面点生产的基本要求。

进入西周，由于农业生产的发展，提供了较之前充裕的原料（如五谷、五畜、五菜、五果、五味之类）；而手工业生产的进步，提供了制作工具（如杵臼、石磨、石碓、蒸锅、陶饼铛、青铀刀具等）；再加上早期祭祀和筵宴的需要，有了一批专门从事厨务劳动的奴隶，早期面点开始在宫廷中诞生。

根据目前的史料记载，西周到战国早期的面点近20种。它们的用料主要是用稻米和黍米。可整粒煮，可破碎蒸，还可制成糊状烙；馅料有肉、蜜、酒和花卉，造型多系圆形，其属性介于糕与饼之间；还有的则是将饭、粥、羹、糗等主食加以精制。它的品种有"面"（爆熟磨碎的大麦）、"糜"（米粉与肉酱煮糊）、"饵"（蒸糕或蒸饼）、"馍粮"（行军的干粮）、"蜜饵"（加蜜的粉饼）、"酏食"（酒发酵饼）、"糁食"（米粉加肉丁制饼油煎）、"粔籹"（蜜与米粉和成环状煎熟）、"淳熬"（肉酱油浇大米饭）、"淳母"（肉酱油浇黍米饭），以及"芳糗""糗饵""粉粥""糕糜"等。

汉魏南北朝期间，由于战乱纷争，饮食文化也在各区域和各民族间交汇融通，出现了一些饮食专著，面点原料的品种得到了进一步丰富，麦、稻的种植技术得到了传播，仅《齐民要术》一书记载的稻谷品种就有160多种，奶酪、油脂、蜂蜜、糖等面点调辅料已得到大量的使用，酸浆发酵法、酒酵法、面酵法三种发酵方法已得到广泛运用，发酵的馒头、蒸饼、白饼、烧饼等面点品种食用很广。

隋唐五代时期，进入中式面点的兴盛期，隋朝的统一，经济的发展把社会推向一个"中外仓库，无不盈积"的新阶段，开始出现了磨面行业，面点食市兴旺，节日食俗日趋浓厚。隋唐五代的面点类别几乎涵括了如今的面条、面片、包子、馒头、蒸饼、油炸饼、烤饼、酥饼、糕、粽、汤圆、团子等花式象形点心的大部分品种。隋唐五代时期面点兴旺的另一个显著标志是出现了食疗面点和多种面点饮食专著，出现了唐代孙思邈的《备急千金方》、马琬的《食经》、崔禹锡的《崔氏食经》、孟诜的《食疗本草》、昝殷的《食医心鉴》、陈士良的《食性本草》等医食专著，其中《食疗本草》有关引文辑佚的食疗面点有山药、姜末馄饨、枸杞面粉糊、鼠李饼等十几种，《食医心鉴》辑本收录的211条食疗方中，有面点食疗方近20种。

面点饮食业的兴盛是宋元时期中式面点繁荣的一个突出标志，这一时期的专业面点铺众多，经营品种繁杂，食市昼夜繁荣、竞争激烈。据《东京梦华录》记载，当时北宋的都城汴京，各类面点店铺相当多，其中拥有"五十余炉"的大规模饼店就有好几家，"每案用三五人捍剂卓花入炉。自五更卓案之声，远近相闻"的景象可谓盛极一时。南宋的面点店铺较之汴京有过之而无不及，有专卖面点的面食店，也有兼卖饭菜的面食店，还有素食点心店、馒头店、粉食店、蒸作面行、兼卖面点的酒肆、供茶点的茶肆和专门生产面点的作坊等，经营的花色面点令人目不暇接，《梦粱录》一书记录的品种达200种以上。更为重要的是，北宋时开始出现了面点流派的雏形，如《东京梦华录》中记有"北食店""南食店""川饭店"和"素分店"。

明清时期，中式面点的发展进入了鼎盛时期，自明中叶至清中叶200多年里，由于封建社会经济和文化的大发展，加之国内区域与民族之间进行的广泛交流，以及多种渠道与国外进行的交流融合，这种纵向、横向的交流，使得面点原料品种得到了极大的丰富，各种原材料的加工技术也得到了长足的发展，面点品种多得无法统计，淮扬面点作为中式面点的重要流派在此时期也正式形成。

第二节　淮扬面点的起源与发展

一、淮扬面点的起源

　　淮扬面点与淮扬菜一样,不是专指淮安市和扬州市的面点,而是包括在淮河流域,长江中下游的安徽、江苏、上海、浙江地区起源和发展的面点的统称,即如今所谓"淮扬菜集聚区"面点。淮扬面点的核心区域是扬州、镇江、南京及两淮流域城市,这个核心区域的风味面点带有较深的历史文化积淀。

　　淮扬地区以鱼米之乡著称,盛产六畜六禽、江鲜河鲜、百果蜜饯、菱藕蔬瓜、竹叶荷叶、菊花桂花。丰饶的物产,为制作淮扬面点提供了广泛的物质条件。淮扬面点主要由水调面点、发酵面点、油酥面点、米粉及杂粮面点构成。以扬州为中心的淮扬面点,以包馅讲究、制作精美、风味独特而声名卓著,其中尤以酵面点心,声名远扬。这是历代淮扬点心师广泛吸收外来烹饪文化和技艺风格,加上自身创造性的劳动而取得的成果,正是他们的努力,使得淮扬点心名满天下。

二、淮扬水调面点的发展

　　水调面点是指用水与面粉直接拌和、揉搓成面团制作而成的面点。在面点的种类中,水调面点历史最悠久,覆盖地域最广。20世纪50年代在扬州凤凰河水利工地曾经出土汉代旋转石磨。这就标志着汉代扬州地区已能加工小麦面粉,也就为面点制作提供了原料。勾画了扬州以稻米为主而兼有面食的主食结构,揭开了淮扬精致面点原料的绵长历史。

　　水调面点品种首推面条。在中国,最初所有面食统称为饼,汉代刘熙《释名》卷四:"饼,并也,溲面使合并也,胡饼作之,大漫沍也,亦言以胡麻著上也。蒸饼、汤饼、蝎饼、髓饼、金饼、索饼之属,皆随形而名之也。"其中在汤中煮熟的叫"汤饼",即最早的面条。宋代著名诗人王禹偁写过一首《甘菊冷淘》诗,其中有"淮南地甚暖,甘菊生篱根。长芽触土膏,小叶弄晴暾。采采忽盈把,洗去朝露痕。俸面新且细,搜摄如玉墩。随刀落银镂,煮投寒泉盆。杂此青青色,芳草敌兰荪"。所谓"淮南",在北宋时即指扬州,而"冷淘",为一种过水冷面条。由此可以看出,宋代扬州已有多种面条。

　　到了明代,据万历《扬州府志》"风俗"记载:"扬州饮食华侈、制度精巧。市肆百品,夸视江表。……汤饼有温淘、冷淘,或用诸肉杂河豚、虾、鳝为之,又有春蟊麦辫麦粦饼,雪花薄脆、果馅馎饪、粽子、粢粉丸、馄饨、炙糕、一捻酥、麻叶子、剪花糖诸类,皆以扬仪为胜。"所谓"温淘",指热汤面;"或用诸肉杂河豚、虾、鳝为之",指的是各式浇头面,均属"汤饼"的范畴。"麻叶子"亦即《宋氏养生部》中记载的"芝麻叶":"用面同生芝麻、水和,擀开薄,切小条子,中通一道,屈其头于内而伸之,投热油内煎燥",由此可见,至明代,扬州的面点技艺和众多的品种已夸耀于江南了。

　　清代,扬州水调面点发展迅速,品种大增,影响日益扩大。如在《随园食单》中,就记有素面、裙带面、小馄饨等。在《扬州画舫录中》,记有灌汤包、烧麦、淮饺、三鲜面等。在《邗江三百吟》中,记有灌汤包、应时春饼等。此外，在其他的一些笔记和诗文中，还提到伊府面、锅贴角等。水调面点技艺更精，如面条，扬州有素面，"先一日将蘑菇蓬熬汁澄清，次日将笋熬汁加面滚上。此法扬州定慧庵僧人制之极精，不肯传人。然其大概亦可仿求。其纯黑色的或云暗用虾汁、蘑菇原汁，只宜澄去泥沙，不重换水，一换水则原味薄矣"（《随园食单》）。这种"素面"，实际是依靠蘑菇、笋之汁来增鲜的。在无味精之时，扬州的僧人用这种方法增鲜，的确是一种创造。除素汤外，扬州面条用鸡汤、鱼汤的也多，清代扬州的汤面不仅汤好，而且汤多。《随园食单》"裙带面"条云："以小刀截面成条，微宽，则号'裙带面'。大概作面总以汤多为佳，在碗中望不见面为妙。宁使食毕再加，以便引人入胜。此法扬州盛行，恰甚有道理。"在面条重视汤之外，清代扬州的浇头面也相当出色。《扬州画舫录》卷十一记道："城内食肆多附于面馆。面有大连、中碗、重二之分。冬用满汤，谓之大连，夏用半汤，谓之过桥，面有浇头，以长鱼（指鳝鱼）、鸡、猪为三鲜……乾隆初年，徽人于河下街卖松毛包子，名'徽包店'。因仿岩镇街没骨鱼面，名其店曰'合鲭'，盖以鲭鱼为面也。仿之者有槐叶楼火腿面。'合鲭'遂改为坡儿上之'玉坡'，遂以鱼面胜。徐宁门问鹤楼以螃蟹（面）胜……其最甚者，鲟鱼、蝉螯、班鱼，羊肉诸大连，一碗费中人一日之用焉。"从这段记载可以看出，早在乾隆年间，扬州就有十多种精美的浇头面了。当然，这种面比较昂贵，一碗的价钱相当于中等人家一天的日常开支。文中提到的"没骨鱼面"是指去掉刺的鱼羹面，风味极佳。后来，"没骨鱼面"便演变成了"刀鱼羹卤子面"。

乾隆时期之后，扬州的浇头面仍然出色。嘉庆时的《邗江三百吟》"三鲜大连"条引言云："扬州有徽面之名三鲜者，鸡、鱼、肉也。大连者，大碗面也，外省人初来扬州郡城，入市食面，见大碗汤如水盎，几不敢下箸。及入口，则津津矣。"其诗云："不托丝丝软如绵，羹汤煮就合腥群。尝来巨碗君休诧，七绝应输此盎然。"再后，成都人费执御也曾写过赞美扬州面条的调寄《望江南》的词："扬州好，问鹤小楼前，入夏恰宜盘水妙，侵晨还喜过桥鲜。一箸值千钱。"其自注："扬郡面馆，美甲天下。问鹤楼最久。盘水，过水盘旋而成也。过桥，则另具汤碗，以面重挑至汤中食也（《扬州风土词萃》）。"顺带指出的是，乾隆年间在扬州当过知府的伊秉绶的家厨曾创制出过"伊府面"，这种面的面条是用白面加鸡蛋液、少许水、盐，碱拌匀后制成，先煮八九成熟，捞出沥干，然后油炸，食时再加高汤浸泡软，加配料炒，风味十分独特。

清代扬州的"灌汤包子"是最著名的品种之一。据《邗江三百吟》"灌汤包子"条引言："春秋冬日，肉汤易凝。以凝者灌于罗磨细面之内，以为包子，蒸熟则汤融不泄。扬州茶肆，多以此擅长。"诗云："到口难吞味易尝，团团一个最包藏。外强不必中干鄙，执热须防手探汤。"

至新中国成立前，扬州水调面点的品种已相当丰富。面条方面有阳春面、炒面、煨面、浇头面等。淮扬面条在制面、做汤、浇头三方面要求甚严，尤其是做汤，汤分为浓汤和清汤，浓汤有鱼汤和骨头汤；清汤有虾籽汤、鸡清汤，再配以浇头，如肴肉、鸡丝、猪肝、虾仁、腰花、脆鳝、野鸭、野鸡等品种。饺子方面有生肉饺、蟹肉饺、野鸡肉饺等。馄饨方面有肉馄饨，扬州有些面食店喜将面条和肉馄饨盛于一碗供食，名之曰"饺面"。烧卖方面有糯米猪肉丁烧卖、翡翠烧卖、蝉螯烧卖等。此外，还有清真面点，如牛、羊肉馅的包子、饺子、锅贴，羊肉面、牛肉面、鸭油面、鹅卤面、麻油面等。在这诸多的水调面点品种中，制作尤精、名气最大的，要数"翡翠烧卖"，以青菜泥加猪油、白糖为馅制成，烧卖皮薄如纸，馅心的碧色透皮而现，十分悦目。这道点心鲜香味甜，食时馅心入口而化，堪称佳品，特别受老年顾客欢迎。如今，随着饮食科学水平的提高，人们认识到摄入过多的脂肪和糖并不好，因此目前翡翠烧卖的油、糖用量相对减少。

除扬州外，淮扬各地均产生了富有特色的水调面点品种。如苏州的面条制作善于制汤、卤及浇头，清代以寒山寺所在地枫桥镇的"枫镇大面"最为驰名。这种面的汤用猪骨、鳝骨加调料吊制而成，汤清味鲜，加之面条上盖有入口而化的焖肉，故极受食客赞赏。苏州昆山的"奥灶面"也是名品，有一百多年历史，初名"懊糟面"，由炸鱼的红油汤、爆鱼、面条组成，别有一番风味。

杭州水调面点的品种相当丰富，在嘉庆、同治时期钱塘人施鸿保撰的《乡味杂咏》中，记有清汤面、凉拌面、雪里蕻笋丝面、面老鼠、馄饨、烫面饺、水饺等。杭州面条制作中用的烩的烹饪方法也有特色。如《随园食单》中的"鳝面"，是将鳝鱼片加调料爆炒至熟后，捞出鳝片，留下卤汁，放入面条烩煮，然后再浇上鳝片而成。由于卤汁渗入面条之中，故"鳝面"风味异常鲜美。"雪里蕻笋丝面"中的雪里蕻、笋丝自身就有一种清鲜、清香，加油、盐炒后，做面条的浇头，自然鲜美绝伦，说明杭州制作面浇头，追求咸鲜，多依靠辅料本身的味道取鲜。

安徽水调面点有面条、徽州饼、庐江烧卖、深渡包袱等。面条中的佳品为三鲜面，以鸡、鱼、猪肉做浇头，汤多面少，风味很美。据清代《邗江三百吟》记载，这种"徽面"当时已传至扬州，极受欢迎。《食品佳味备览》中说："庐江的糖烧卖好。"这种烧卖以薄面皮包裹，用猪板油丁、花生仁、桔饼、青梅碎末、白糖、桂花糖卤、馒头屑、少许盐搅拌成的馅心，捏成石榴形蒸熟而成，油润香甜，风味诱人。

清代淮安水调面点名气最大的为淮饺、汤包、茶馓。"淮饺"之"饺"实为薄皮肉馅馄饨，在乾隆年间的《扬州画舫录》中有记载，既已传至扬州，证明其确是名品。淮安的"汤包"皮薄汤多，以文楼制作的蟹黄汤包最为出色。"淮安茶馓"制作始于唐代，盛名远扬于明清，"纤纤搓来玉色匀，碧油炸出嫩黄深。夜来春睡知轻重，压扁佳人缠臂金"。这是大文豪苏东坡赞美麻油馓子的一首诗。1910年，"淮安茶馓"获得南洋劝业会铜质奖和巴拿马国际博览会三等奖，1930年获国际巴拿马赛会金奖。目前，"淮安茶馓"已作为省、市非遗项目和国际域名注册加以保护。

此外，南京五代之时，曾出现过"金陵七妙"，里面有制作颇为精巧的馄饨、饼、湿面、寒具等。另据捧花生的《画舫余谭》、陈作霖的《金陵物产风土志》记载，南京秦淮河一带饮食店辅尤多，所卖的面点有春卷、猪肉烧卖、饺儿等品种；上海的面点在明代已小有名气，著名品种有被称为"纱帽"的烧卖；清代的镇江水调面点中的名品有蟹黄汤包、鱼汤面、锅盖面等；无锡元代著名画家倪瓒的《云林堂饮食制度集》中收录的水调面点有馄饨、冷淘面等品种，反映了无锡面点制作技艺的部分情况；嘉庆《东台县志》记录的著名的水调面食为鱼汤面（白汤面），汤以鲫鱼油炸后加水熬煮成，色乳白，极鲜。

三、淮扬发酵面点的发展

发酵面点是人们在掌握了面团发酵技术以后才出现的。中国的发酵面食起源很早，据赵荣光先生的研究，两汉时期中国人就发明了酒酵发面法和酸浆酵发面法，近代广为应用的酵面发面法（亦称"面肥"发面法）最迟西晋末年也已经出现。唐代时，虽然人们已经完全掌握了面食发酵技术，并且能够蒸制出高质量的面食来。但是，当时的酵面技术并不普及，人们也没有对发酵面食引起足够的重视，发酵面食的全面普及还是出现在北宋初期。宋代程大昌在《演繁露》一书中解释说，"面起饼"是"入酵面中，令松松然也"。无疑，"面起饼"就是发酵的面食，也就是馒头了。这种发酵面食的普及导致了我国面食结构的巨大变化。

发酵面团制作技术卓绝是淮扬点心的一大特点。《随园食单》"小馒头、小馄饨"条云："作馒头如胡桃大，就蒸笼食之，每箸可夹一双，扬州物也。扬州发酵最佳，手捺之仍不盈半寸，松之仍隆然而高。"扬州点心在馅心配制上，善于根据时令变化，皮馅相宜，春夏有荠菜、笋肉、干菜；秋冬有虾蟹、野鸭、雪笋。荤馅有三丁、五丁、三鲜、火腿、海参、鸡丁、鸽松；蔬馅有青菜、芹菜、山药、萝卜、瓶儿菜、马齿苋、茼蒿、冬瓜；甜馅有枣泥、核桃、芝麻、杏仁、豆沙等。做成的包子有：生肉包、三丁包、五丁包、蟹黄包、野鸭包、荠菜包、干菜包、小菜包、枣泥包、稀沙包、水晶包等。

目前，扬州上市供应传统包子就有生肉包子、笋肉包子、牛肉包子、三丁包子、五丁包子、虾肉包子、蟹黄汤包、野鸭包子、荠菜包子、青菜包子、干菜包子、雪笋包子、双冬包子、萝卜丝包子、芽菜包子、细沙包子、枣泥包子、水晶包子、芝麻糖包子、五仁包子等，淮扬面点品种丰富由此可见一斑。

北方的"千层馒头"在《随园食单》中这样描述："杨参戎家制馒头，其白如雪，揭之如有千层。金陵人不能也。其法扬州得半，常州、无锡亦得其半。"这种"千层馒头"的制法，未能记载下来。

除了馒头和各式包子，淮扬发酵面点品种还有"荷叶甲""鲋鱼卷"等。如清林苏门撰的《邗江三百吟》中记载的"荷叶甲"，就是将"面做如小荷叶扁圆之式，而又中半折之，如半月状，蒸熟，以菜肉夹于内而食之"的；另一食品"鲋鱼卷"则是"用好细白面做成卷子"，以配红烧鲋鱼食用的，此外，清黄惺庵居士的《扬州好》词中有"肥烤鸭皮包饼夹，浓烧猪肉蘸馒头"之句，上述品种皆是说明配菜食用的淮扬发酵面点。淮扬发酵面点在扬州正以前所未有的速度和魅力走向世界，扬州包子工业化生产，在海内外上市销售，扬州速冻包子被指定为全国人民代表大会专供点心。

其他淮扬集聚地区的发酵面点亦很丰富。如杭州，在嘉庆、同治时期钱塘人施鸿保撰的《乡味杂咏》中，记有数十种杭州面点，发酵面点品种主要有：羊肉馒头、蟹馒头、松毛包子、回炉烧饼、空壳烧饼（金刚蹄）、软锅饼、侧高饼、如意卷等。在吴敬梓的《儒林外史》中，写到杭州西湖一带饮食店铺中出售的品种有大馒头、烧饼等。上海嘉定区南翔镇的"小笼馒头"是用半酵面团摘剂包馅蒸制而成，已有100多年历史。据《嘉定县续志》载："馒头有紧酵、松酵两种，紧酵以清水和面为之，皮薄馅多，南翔制者最著，他处多仿之，号为翔式……"最初的创始人是同治年间日华轩点心店的老板黄明贤，清朝光绪二十六年（1900年）日华轩店主妻弟在老城隍庙区域九曲桥附近原船舫厅旧址开设长兴楼，长兴楼后改名为南翔馒头店。目前南翔馒头店属于上海老城隍庙饮食公司，在大陆设有28家分店，并在中国香港、首尔、东京、大阪、印尼、新加坡设有特许经营店。

四、淮扬油酥面点的发展

油酥面点是由水、油、面混揉而成的面团，以及只用油脂和面粉揉制成的面团组合制作而成的面点。油酥面点技术含量高，其产生的时间无从查考，但一定是在水调面点和发酵面点之后。

历史较长的淮扬油酥面点当属"寿县大救驾"，这是安徽省寿县、炉桥、凤台县一带的特色名点，已经有一千多年的历史。相传赵匡胤在攻打南唐时疲劳过度、茶饭不思，有个厨师用上好的白面、香油、白糖、青红丝、核桃仁等材料做了点心，这种点心的外皮有数道花酥层层叠起，金丝条条分明，中间如急流旋涡状，因用油煎炸，色泽金黄，香味扑鼻。赵匡胤品尝后觉得酥脆甜香，食欲大增。他做了皇帝后，想起南唐之战和这种糕点，说："那次鞍马之劳，战后之疾，多亏这种糕点从中救驾。"于是人们便叫这种糕点为"大救驾"。"大救驾"驰名淮河南北，外地来客慕名品尝，当地人们也常以此馈赠亲友,颇受欢迎。

安徽徽州地区还有一种传统名点"徽州饼",原名为枣泥酥粿。光绪年间有一徽州饮食经营者在扬州制作此面饼出售,颇受食者欢迎,故当地人称之"徽州饼"。此饼采用水调面团包入油酥面,制成面皮,包入枣泥馅,成型后烙焙而成,色泽金黄,扁圆形,香甜味美,酥香甜润。

明代万历《扬州府志》有关于"一捻酥"的记载,"一捻酥"为一种花式点心,据明《宋氏养生部》"一捻酥":"油水面擀为小剂,又以油和面,同盐、花椒末为馅,锁之,手范为一指形,置拖盘上熟。"

清代各地关于"油酥面点"品种的记载很多。如清代扬州的烧饼制作很讲究擦酥,《扬州画舫录》中记有"酥儿烧饼"。这种烧饼内瓤用油酥面制作,加之擀折多次,烘制成熟后,层多且酥。同书还记道:"双虹楼烧饼,开风气之先,有糖馅、肉馅、干菜馅、苋菜馅之分。"这样便形成了烧饼的多种风味。

六朝古都南京的金陵面点,形成于东晋、南北朝时期,品种纷呈、风味各异,至清代南京面点以糕、酥点制作为出色,尤擅长酥点。清代吴敬梓《儒林外史》中写到过南京的核桃酥、鹅油酥、酥烧饼等,这是南京人的茶食点心,一般的茶食有烧饼、茯苓糕,招待贵客时才用蜜橙糕、核桃酥。

清代关于苏州的"襄衣饼"有数条记载,《随园食单》中的记载引用如下:"干面用冷水调,不可多揉。擀薄后卷拢,再擀薄了,用猪油、白糖铺匀,再卷拢,擀成薄饼,用猪油煎黄。如要咸的,用葱、椒、盐亦可。"这种饼由于加猪油多次擀卷,故煎熟后层数多、口感好,加之可甜可咸,堪称佳品。

泰兴市黄桥镇的"黄桥烧饼"之所以出名,与著名的黄桥战役是紧密相连的。其源于何时无文字记载,民间流传是清朝道光年间,如皋县的一位知县路过黄桥,吃了一回黄桥烧饼后齿颊留香,念念不忘。如、黄二地相距60余里,总不能专程来吃,这位县太爷竟不怕人说他搞特权,隔三岔五地派差役骑快马到黄桥购买烧饼,以饱口福。黄桥烧饼吸取了古代烧饼制作法,保持了香甜两面黄,外撒芝麻内擦酥这一传统特色,已从一般的"擦酥饼""麻饼""脆烧饼"等品种,发展到葱油、肉松、鸡丁、香肠、白糖、桔饼、桂花、细沙等十多个不同馅的精美品种。黄桥烧饼,或咸或甜,咸的则以肉丁、肉松、火腿、虾米、香料等作馅心。烧饼出炉,色呈蟹壳红,不焦不糊不生。

常州马蹄酥是清咸丰十年太平军攻占常州后,民间出现一种形如马蹄的油酥饼,意在歌颂太平军的功绩。马蹄酥选用精白面粉、绵白糖、豆油等原料制作,沿用传统烘炉烘制,色呈金黄,香甜酥松。

五、淮扬米粉面点的发展

米粉面点就是指米磨成粉后,与水及其他辅料调成面团加工的面点。常见的有糯米粉、粳米粉、籼米粉、大黄米粉等。由于米粉的性质不同,因而制出的食品性质也不同,有的黏实,有的松散。根据属性可分为松质糕粉团、黏质糕粉团,根据制品的需要有的要发酵后使用,有的品种需要烫面,还有的需要煮芡等不同方法调制粉团。

米粉面点产生于盛产稻米的太湖流域地区。从太湖流域新石器时代遗址出土的稻谷品种来看,当时只有籼稻、粳稻和过渡型稻三个稻谷品种,经过吴越先民不断改良,到明清时,江苏、浙江两省的稻种竟达一千多种,稻谷种类的增多,从主食上也就极大地丰富了吴越的饮食文化。

一般而言,稻谷可分为粳、籼、糯三大类,粳米性软味香,可煮干饭、稀饭;籼米性硬而耐饥,适于做干饭;糯米黏糯芳香,常用来制作糕点或酿制酒醋,也可煮饭。在太湖流域的饮食生活中,自古以来,糕点都占有十分重要的位置。在宋人周密的《武林旧事》中,就收录了南宋临安(杭州)市场上出售的"糖糕""蜜糕""糍糕""雪糕""花糕""乳糕""重阳糕"等近19个品种,但如果论制作工艺之精,品种之多,味道之美,则以苏州为上。

吴越地区将以糯米及其屑粉制作的熟食称为小食,方为糕,圆为团,扁为饼,尖为粽。负有盛名的苏州糖年糕,相传起源于吴越,至今民间还流传着伍子胥受命筑城以糯米粉制成砖,解救百姓的传奇故事。吴中乡间有句俗谚:"面黄昏,粥半夜,南瓜当顿饿一夜。"晚餐若以面食为之,到黄昏就要挨饿,因此,吴人若偶以面食为晚餐,则必有小食点心补之,这就使得吴地糕点制作特别发达。早在唐代时,白居易、皮日休等人的诗中就屡屡提到苏州的"粽子"及"梅檀饵"糕(用紫檀木之香水和米粉制作而成)。宋人范成大《吴郡志》载,宋代苏州每一节日都有用糕点节食,如上元的糖糕,重九的花糕之类,明清时,苏州的糕点品种更多,制作更为精巧,这在韩奕的《易牙遗意》、袁枚的《随园食单》、顾铁卿的《清嘉录》《桐桥椅棹录》中都有不少记载。《调鼎集》"苏州汤圆"云:"用水粉(按指水磨糯米粉)和作汤圆,滑腻异常。用嫩肉去筋丝捶烂,加葱末、酱油作馅。"这种猪肉馅的咸味汤圆,是有一定代表性的。如今,苏州糕点已形成品种繁多,造型美观,色彩雅丽,气味芳香,味道佳美等特点。

在苏州糕点中,最为人称道的是苏式船点,"船点"是旅游船上供应的食品。据记载,苏州乘船游宴的历史可以追溯到唐、宋之时,到了清初更盛。船点是由古代太湖中餐船沿袭而来的,它在制作工艺上受到吴门画派清和淡逸、典雅秀美的风格影响,无论是制作鸟兽虫鱼、花卉瓜果,还是山水风景、人物形象,均能做到色彩鲜艳,惟妙惟肖,栩栩如生,再包上玫瑰、薄荷、豆沙等馅,更是鲜美可口,不仅给人以物质上的享受,还给人以精神上的美感,充分显示了吴地饮食具有高文化层次的特征。由此我们也可以看出,源远流长的吴越稻作生产对人民饮食生活结构与习俗的巨大影响。

上海和浙江的米粉面点同样历史悠久。如南宋时期上海已有各种米粉点心,如上元节的糖圆,端午节的水团,重阳节的花糕等传统节日点心。清初,随着上海的繁荣,面点又有了新的发展。据《松江府志》载,当地已有"汤团""笼糕"等,如薄荷糕、绿豆糕、花糕、蜂糕、百果糕等。创建于1875年的沈大成糕团店,集南北风味小吃之大成,在烹制各式糕团时都选用苏州、常州、无锡的上乘白糯米,它色白、韧性足;桂花取用香味浓的陈桂花,制豆沙用的赤豆取用大红袍品种,因而糕团香而糯。于明嘉靖年间开业的绿波廊,其点心小巧玲珑、色调高雅、造型精美、口味独特,堪称沪上一绝。城隍庙桂花厅制作鸽蛋圆子时,馅心要经过熬煮、搅拌、着丝、拌料、揉捏、搓条、切粒等程序,而点心的制作则要经过浸米、磨粉、压干、煮芡、搜粉、包馅、成形、煮制、沾芝麻屑等多道工序。创始于1909年的乔家栅云集了众多点心名师高手,所做的糕团点心在沪上也独树一帜。

南宋时期,都城临安(今杭州)市井繁荣、经济富庶、人文荟萃、物产丰富,这为当地面点的发展提供了基础。当时浙江的面点已是品种繁多、风味各异。根据宋代吴自牧的《梦粱录》记载,当时杭州经营面点的就有蒸作面行、粉食店、馒头店、菜羹店、素点店,以及兼营面点的茶肆、酒楼等。面点的品种纷繁多样,米粉类制品就有糕、粥、糍糕、雪糕、澄沙团子、麻团、猪油汤团等,如宁波汤团,一般选择当地优质白糯米,在水里浸泡后,连水带米一起送上石磨,磨成浆,再盛入布袋吊挂沥干,待不干不黏时取用,制成的汤团就能色白光泽、糯而不黏、皮滑馅润;制作时熟芡调团,使外皮更有韧性与弹性。调制馅心的黑芝麻、白糖要加工得越细越好,并加入板油泥、桂花、金橘饼等调味。包馅时还要注意皮馅比例,煮制时则要保持微沸状态。这样才能制作出柔软、滑糯、香甜、细腻的宁波汤团来。

扬州的糕也做得好,具有松软、淡雅等特色。《随园食单》"运司糕"条云:"卢雅雨作运司年已老矣,扬州店中作糕献之,大加称赏。从此,遂有运司糕之名,色白如雪,点胭脂红如桃花,微糖作馅,淡而弥旨。以运司衙门前店作为佳,他店粉粗色劣。""勃(荸)荠糕"也富有特点。《邗江三百吟》云:"勃荠捣烂,入糯米粉,为糕,甜黏且脆。"又有钱江人韩日华在《扬州画舫词》中赞美过"茯苓糕":"行厨只合供寒具,食谱何人赋冷淘。却喜清凉留一味,柳荫人卖茯苓糕。"

第三节　淮扬面点的革新

近年来,淮扬面点在制作技艺和风味特色上有了新的变化。

首先,淮扬面点的面团调制技术有新变化,长期以来,淮扬面点多用发酵面团、水调面团、油酥面团、粉面面团制作。发酵面团中,以老肥发酵、酒酿发酵用得为多;水调面团中,以冷水面、烫面用得为多;米粉面团中,以粳米粉、糯米粉粉团用得为多。如今,淮扬的发酵面团已用上酵母发酵法、蛋液发酵法,水调面团有时也用鸡蛋液来调制。米粉面团中也常掺入澄粉。这样也有利于传统面点品种质量的提高和新品种的创制。例如用酵母发酵,速度既快,成品又有一种香味。用鸡蛋液加适量的水调制面粉制成的面条,既柔韧风味又佳,澄粉掺入米粉中,改善了米粉面团的色泽和质感,丰富了米粉面团的品种。

其次,在风味上有所发展,表现在以下三个方面:一是对面条的浇头,包子、烧卖、烧饼等面点的馅心制作更加精美而多样化,如黄桥烧饼,过去虽有名气,但品种不太多,现在已有豆沙、枣泥、桔饼、葱油、肉丁、肉松、火腿、香肠、雪菜、萝卜丝、虾米等数十种馅心的品种。黄桥烧饼属油酥面点,本身就有馕酥底脆的特点,加之或荤或素、或甜或咸而又鲜香兼备的馅心,就更加诱人了。汤包的馅心也更精,清代是用肉汁冷凝后为馅,如今则要用猪肉皮加鸡汤熬至极烂,然后冷成"皮冻",绞碎之后,再加蟹黄油、适量肉茸、多种调料制成馅心,以这种馅心制成的"蟹黄汤包",佐以姜米醋,味鲜美至极。二是在对某些馅心用料的改变上。过去,淮扬有些面点重油重糖,如今,随着饮食科学水平的提高,人们认识到摄入过多的脂肪和糖并不好,因此不少传统的淮扬面点,如翡翠烧卖的油、糖用量相对减少,三丁包子的用油量也适当减少,也就适应了时代的潮流。三是引进外帮风味。如富春茶社的特一级面点师徐永珍就曾和店内其他师傅一道学习广式点心的长处,创制出"粤式扬味"的点心,从而受到消费者的欢迎。

最后,淮扬面点的造型也有发展变化。小巧、精致曾经是淮扬面点的一个传统特色。但这个特色一度消失殆尽。如今,淮扬面点中小巧、精致的品种又多了起来。除小巧玲珑的馄饨、蒸饺、汤包、翡翠烧卖、双麻酥饼(蒸饺、汤包、翡翠烧卖一两3—4只)之外,在宴席点心中出现较多的花色点心,形似花鸟虫鱼、飞禽走兽,色彩缤纷,能给人以美的艺术享受,如富春茶社的特一级点心师董德安就曾以色形几可乱真的"莲藕酥",在1983年举行的"全国首次烹饪名师技术表演鉴定会"上博得评委和行家的一致好评。

由于世界食品科技迅猛发展,饮食潮流不断变化,以手工方式生产的中国传统面点面临着挑战。为了在竞争中图强,淮扬面点生产工艺应继续努力革新。

首先是要注意选用新型原料,如咖啡、蛋片、干酪、炼乳、奶油、糖浆,以及各种新型辅料和适当的添加剂,提高面团和馅料的质量,赋予创新面点品种特殊的风味特征。

其次是要按照营养卫生要求调整配方,低糖、低盐、低脂肪、高蛋白、多维生素与矿物质;大力开发滋补面点、食疗面点、健美面点和特殊工种的营养面点。

再次是积极使用现代仪器设备(如原料处理机、成型机、熟成机、包装机等),改善成品的外观与内质,减轻劳动强度,提高生产效率。

最后是开展科学研究,培训技术人才,出版淮扬面点类书刊,做到配方科学化、营养合理化、生产机械化、风味民族化、储存包装化和食用方便化。这样,淮扬面点在饮食中的地位和作用会更为突出,才会越来越受到广大消费者的欢迎。

第2章

花色蒸饺制作

教学目标

通过学习,使学生了解花色蒸饺的起源、制作工艺、文化内涵,掌握代表花色蒸饺的制作方法。

第一节　花色蒸饺概述

一、花色蒸饺制作工艺

(一)花色蒸饺馅心制作工艺

1. 选料要求

在花色蒸饺馅心中,咸馅最为常见,咸馅原料主要有荤、素两类。荤料多用猪肉,常选用"前夹心肉"为原料,其特点是肉质细嫩、筋短且少、有肥有瘦、肥瘦相间,调制时吃水多、黏性强,制成馅心鲜嫩适口,有肥厚之感。瘦肉与肥肉的比例一般为6∶4或5∶5,肥肉太多会使馅心产生油腻感,瘦肉太多馅心会显得较老。素料一般选用新鲜质嫩的蔬菜。

2. 加工形态要求

馅料宜细碎,一般要将原料按照要求加工成细丝、丁、粒、茸等细小形状,便于制品成熟和包捏成形。

3. 调制要求

对于生菜馅,一般选用新鲜的蔬菜,鲜嫩、柔软,但是蔬菜水分很多,会造成馅心黏性很差。因此一定要减少水分、增加黏性。减少水分的方法:一般是先将蔬菜焯水,挤干水分,再切碎;不能焯水的蔬菜切好以后,再挤压水分,通常是用一块纱布把菜包起来,挤出水分;另外可以添加油脂、鸡蛋、酱等辅料来增加馅的黏性。对于生肉馅之类的生荤馅,则黏性很大,因此要增加水分,减少黏性。例如淮扬面点的"水打馅"和"掺冻"都是增加水分的方法。这样制得的馅心肉嫩、汁水多,味道鲜。对于熟馅,它有个缺点就是黏性很差,这样馅心容易松散,一般采用勾芡的方法,增加卤汁浓度和黏性。

4. 口味要求

花色蒸饺的口味要求鲜美适口、咸淡适宜。但由于面点一般都有皮料,因此口味可以比菜肴略咸。但具体调制时,要根据面点的特点和要求而定,例如水中煮的点心,因为水分会使盐流失,可以适当咸一些,而油炸面点会失去水分,可以略淡;皮薄的馅心可以略淡,皮厚的馅心可以略咸。

5. 花色蒸饺鲜肉馅制作工艺

原料配方:猪前夹肉400克(肥4瘦6),白酱油30克,白糖40克,麻油5克,鸡精10克,精盐15克,葱姜末10克,皮冻200克。

操作程序:① 将前夹肉洗净,剁成肉茸放入容器内;② 将酱油、精盐、葱姜末和肉茸拌匀,拌透后分2—3次放入清水共80克,沿一个方向搅拌上劲后加入白糖、鸡精、麻油拌匀;③ 将皮冻绞碎成茸,拌入调好味的肉馅中即成皮冻肉馅(需要含水量非常高的馅才需要掺入皮冻,如灌汤蒸饺、小笼汤包等)。

（二）花色蒸饺的成型工艺

花色蒸饺一般都采用"捏"法成形。在面点成形方法中,捏是比较复杂、花色最多的一种成形方法。它是指将包入或不包入馅心的面坯利用双手手指上的技巧,按照成品形态的要求进行造型的一种方法。"捏"常与其他成形手法结合运用,所制成的成品或半成品不但要求色泽美观,而且要求形象逼真。

花色蒸饺的捏制手法很多,变化灵活,有挤捏、推捏、折捏、叠捏、扭捏、花捏等多种手法。

1. 挤捏

双手食指弯曲托住加馅的坯皮,拇指并拢将坯皮边挤捏在一起。如木鱼饺造型。

2. 推捏

右手拇指、食指沿加馅坯皮的边推捏出各种折褶花边。如月牙饺。

3. 折捏

将加馅后的坯皮折捏成各种几何形态。其方法近似于折纸艺术。如冠顶饺、知了饺、花瓶饺。

4. 叠捏

将坯皮按照一定要求折叠成型,再将馅心装入,然后捏成形。常与其他成型方法合用,其方法近似于折纸中的叠。如鸳鸯饺、一品饺、四喜饺等。

5. 扭捏

这是指先包馅后上拢，再按顺时针方向把坯皮的每边扭捏到另一相邻边上并捏紧的方法。如青菜饺。

6. 捏塑

捏塑又叫花捏，将坯料捏塑成瓜果、水产、畜禽等各种动植物形状，要求形态逼真。如蝴蝶饺、鸽饺、老鹰饺等。

7. 剪条

在捏的基础上综合剪的方法制作的一类花色蒸饺。如兰花饺、飞轮饺。

（三）花色蒸饺的配色工艺

将饺子制成各种动物、花卉、果品等形象后，为使形态更加生动逼真，就要借助于配色。花色蒸饺常用的配色工艺一般有以下三种。

将有色原料榨汁后渗入面团中，使白色面团变成有色彩的面团。例如胡萝卜汁、南瓜汁、黑米浆、青菜汁、红椒汁等，再根据品种需要与白色面团和在一起，或镶在一边，或叠在一起，或围在腰部，这样擀出的坯皮不仅具有色彩还有有色原材料的清香，如青菜饺、带叶桃饺的叶子，知了饺的翅膀等都是用此法制作的。

利用各种馅心和配料的色彩来配色，可以制作出既悦目又形象逼真的花色饺子。这种方法既能增加美观，又富有营养。如梅花饺在五个空洞中放入红（火腿）或者黄（蛋黄糕）色彩的馅料，就显得十分鲜艳生动；知了饺的两个眼睛用虾仁装饰，再用黑木耳末点缀眼睛，形象就更逼真。日常使用的馅心，可以利用的色彩很多，有蛋白、蛋黄、蟹粉、火腿、虾仁等动物性原料，还有青椒、红椒、冬菇、黑木耳、南瓜、胡萝卜、紫菜头、青豆等植物性原料。

利用食用色素溶液涂抹在制品表面，面点内部则保持本色，如冠顶饺翻出的推边，就可用此法涂色。另外，也可用干净牙刷蘸食用色素溶液（须用纯净水或凉开水调制）后喷洒，颜色深浅根据食用色素溶液浓淡、喷洒距离远近、喷色时间长短而定。此法一般待花色饺子蒸熟后使用，灵活简便，又能达到较理想的效果，使用时要特别注意卫生及量的控制，尽量少用此方法。

无论是采用哪种配色方法，都要根据不同品种的需要，根据实践经验加以灵活运用。在配色中应注意色彩的浓淡和谐，配合得当，使花色饺子更具有艺术的感染力，通过饺子外观的美感引人入胜，增添食欲。

二、花色蒸饺的文化

蒸饺是汉族传统节日食品，是每年春节必吃的年节食品。相传是中国东汉南阳"医圣"张仲景首先发明的，我国饺子多种多样，且用料广泛、制作方法多样。北方将饺子作为主食，形态比较单一；南方将饺子作为"点心"，花式变化较多，特别是有些地方还有饺子宴，一饺一格，百饺百格，如牡丹宴、百花宴、八珍宴、宫廷宴等不同档次十多种系列宴席，被中外宾客称赞一绝。江浙一带的"花式蒸饺"却更有特色，制作精细、技法多样。一笼蒸饺多种形态、多种口味，以温水面团为主，软润适口，馅心饱满、多样，如猪肉、海鲜、酱香、南瓜、白菜等各式口味；饺子造型美观，打破了比较单一的月牙形、角儿形的传统，融烹调技术与造型艺术于一体，制作出花草鱼虫等多种多样美好逼真的造型、寓意吉祥的制品，如四喜饺、一品饺、金鱼饺、鸳鸯饺、冠顶饺、玉兔饺等，真可谓造型好看、味道好吃，又内涵丰富。

第二节　花色蒸饺制品实例

1　鸳鸯饺

【原料】

面粉150克,温水70克,鲜肉馅150克,熟火腿20克,蛋皮30克。

【制作工艺】

① 将熟火腿切粒状、蛋皮切碎盛装小碗备用。

② 在面粉中掺入温水拌和,揉匀揉透,盖上湿毛巾待凉后使用。

③ 将面团搓成约3厘米直径的长条形,揪成12个面剂,并从截面向下按扁,用面杖擀成直径约为8厘米的圆形坯皮。

④ 在圆形坯皮边缘捏成对称的两段(每段为四分之一周长)花边。在捏好花边的坯皮反面的中间部位放上馅心,对折坯皮,用大拇指和食指将坯皮对称捏紧(无花边处)成两个相同的圆孔,转动90度,以黏边点为中心,将面皮两头分别捏紧,即成中间有两小孔洞,如两个眼睛,外侧对称规则的两个圆形大孔洞。

⑤ 在两个大孔洞内分别填入火腿末和蛋皮碎,即成鸳鸯饺生坯。

⑥ 把鸳鸯饺生坯放入笼屉内,上旺火蒸6分钟即可取下装盘食用。

【营养成分】

鸳鸯饺营养成分表

营 养 项 目	每 份 含 量	单 位	NRV%
能量	1 178.6	千卡	49%
蛋白质	54.6	克	73%
脂肪	61.5	克	92%
碳水化合物	101.7	克	27%
膳食纤维	5.5	克	22.4%
钙(Ca)	232.6	毫克	29%
铁(Fe)	9.2	毫克	61%

营 养 项 目	每 份 含 量	单　位	NRV%
锌（Zn）	3.2	毫克	20%
钠（Na）	1 081.7	毫克	49%

【制品特点】

形态美观,色彩鲜艳,咸淡适中,形似鸳鸯。

【思考题】

① 如何创新花色蒸饺的成型技法?

② 鸳鸯饺的孔洞可以用哪些颜色馅料填充?

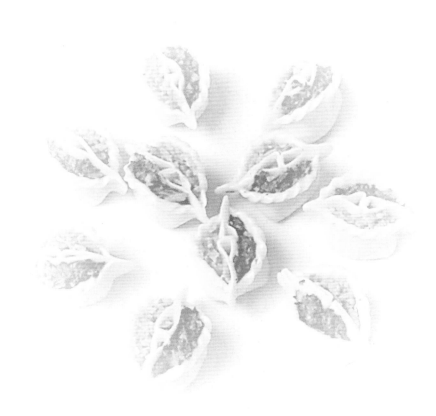

2 白菜饺

【原料】

面粉150克,温水70克,鲜肉馅150克。

【制作工艺】

① 面粉中掺入温水拌和,揉匀揉透,盖上湿毛巾待凉后使用。

② 面团搓条、下剂(12只),擀成直径9厘米的圆形坯皮。

③ 左手托住坯皮,右手刮入馅心。左右手配合将圆皮五等分向中间捏拢成五条边,然后将每条边自里而外,自上而下推捏成单波浪状花纹,形似菜叶,每条边的下端提上来,黏在邻近的一瓣菜叶的上边,做成五个叶片。

④ 生坯入笼足汽蒸6分钟左右即成,装盘。

【营养成分】

白菜饺营养成分表

营 养 项 目	每 份 含 量	单 位	NRV%
能量	1 675	千卡	70%
蛋白质	65.6	克	88%
脂肪	80.2	克	120%
碳水化合物	172.7	克	46%
膳食纤维	5.5	克	22%
钙(Ca)	89.5	毫克	11%
铁(Fe)	4.7	毫克	31%
锌(Zn)	4.6	毫克	30%
钠(Na)	126.6	毫克	6%

【制品特点】

色泽洁白,形似白菜,推边均匀,质地鲜嫩,口味咸鲜。

【思考题】

① 制白菜饺的坯皮能否加入一些绿色蔬菜汁?

② 花色蒸饺的面团为什么要用温水调制?

3 飞轮饺

【原料】

面粉150克,温水70克,鲜肉馅150克,罐头装红樱桃10克,青豆20克。

【制作工艺】

① 红樱桃改刀成青豆大小的粒状,青豆煮熟调制咸鲜口味,小碗盛装备用。

② 面粉放在案板上,中间扒一塘坑,倒入温水,拌和,揉匀揉透,盖上湿毛巾待凉后使用。

③ 将面团搓成直径3厘米的细条状,揪成12个面剂,并从截面向下按扁,用面杖擀成直径约为8厘米的圆形坯皮。

④ 左手托皮,右手刮入馅心,将圆皮四等份向中心拢起,捏牢,使之成为四个孔洞,将其中2个对称的孔洞捏拢成两条边,然后将两条边分别用手自上向下单推捏出花纹,并将花边呈反方向旋转90度即成。也可先捏成四条边,将其中相对的两条边再卷成两孔,另两边用剪刀剪成锯齿形边后扭曲。

⑤ 在两孔中分别填入两种不同色彩的馅料即红樱桃粒及青豆粒,即成飞轮饺生坯。

⑥ 生坯入笼足汽蒸6分钟左右即成,装盘。

【营养成分】

飞轮饺营养成分

营 养 项 目	每 份 含 量	单 位	NRV%
能量	1 163.6	千卡	48%
蛋白质	55	克	73%
脂肪	56.8	克	85%
碳水化合物	108	克	29%
膳食纤维	8.3	克	33.2%
钙(Ca)	257.4	毫克	32%
铁(Fe)	10.2	毫克	68%
锌(Zn)	3.1	毫克	20%
钠(Na)	1 003	毫克	46%

【制品特点】

似风轮,剪条均匀细腻,造型别致,质地鲜嫩。

【思考题】

① 如果将坯皮四分后捏紧,其中两条边长、两条边略短的效果如何?

② 剪制成型的技巧如何掌握?

4　一品饺

【原料】

面粉150克,温水70克,鲜肉馅150克,熟火腿30克,蛋皮30克,水发黑木耳40克。

【制作工艺】

① 将熟火腿切粒状、蛋皮切碎、黑木耳煮熟切碎末调咸鲜口味。

② 在面粉中掺入60克温水拌和,揉匀揉透,待凉。

③ 将面团搓成直径3厘米的细条状,揪成12个面剂,并从截面向下按扁,用面杖擀成直径约为8厘米的圆形坯皮。

④ 左手托住面皮,放入馅心,将原皮分成三等份并向上拢起,中间沾点清水黏牢,使其形成三个大孔,同时距中心点1厘米处,分别将大孔洞相邻两边捏紧形成三个小孔洞。

⑤ 将三个大孔洞的顶端,用手指捏成尖头,使三个空洞更加挺括、美观均匀,并在三个大孔洞内分别填入火腿末、蛋皮末、黑木耳末,即成一品饺子生坯。

⑥ 把一品饺生坯放入笼屉内,上旺火蒸5分钟即可取下装盘。

【营养成分】

一品饺营养成分表

营 养 项 目	每份含量	单 位	NRV%
能量	1 316.4	千卡	55%
蛋白质	61.1	克	81%
脂肪	64.9	克	97%
碳水化合物	122	克	33%
膳食纤维	17.5	克	70%
钙(Ca)	332.3	毫克	42%
铁(Fe)	48.4	毫克	322%
锌(Zn)	4.7	毫克	30%
钠(Na)	1 124.5	毫克	51%

【制品特点】

形似"品"字,造型匀称,挺括美观,色彩鲜艳,咸淡适中。

【思考题】

① 三个孔洞的色泽如何搭配才美观?

② 使花色蒸饺造型挺括的方法有哪些?

5 拔节饺

【原料】

面粉150克,温水70克,鲜肉馅150克,罐头装红樱桃10克。

【制作工艺】

① 红樱桃改刀成青豆大小的粒状,小碗盛装备用。

② 面粉放在案板上,中间扒一塘坑,倒入温水,拌和,揉匀揉透,盖上湿毛巾待凉后使用。

③ 将面团搓成直径3厘米的细条状,揪成12个面剂,并从截面向下按扁,用面杖擀成直径约为8厘米的圆形坯皮。

④ 将圆皮等分成五等份,中间包入馅心,向上捏拢成五只角,上边成五条边,用小剪将五条边修平修齐,在每条边上剪出2毫米左右粗细的条子两根,保持剪的深度一致,一边的第一条与相邻一边的第二条的外端两两黏牢。

⑤ 生坯入笼足汽蒸6分钟左右即成,制品顶部用红樱桃粒点缀即可装盘。

【营养成分】

拔节饺营养成分表

营养项目	每份含量	单 位	NRV%
能量	1 080.7	千卡	45%
蛋白质	47.9	克	64%
脂肪	53.6	克	80%
碳水化合物	101.7	克	27%
膳食纤维	5.6	克	22.4%
钙(Ca)	216.9	毫克	27%
铁(Fe)	8.3	毫克	55%
锌(Zn)	2.4	毫克	16%
钠(Na)	1 001	毫克	45%

【制品特点】

剪出的条粗细均匀,咸淡适中,形象逼真。

【思考题】

① 如何运用手指技巧做到坯皮的五等份?

② 如何做到每条边上剪出的条粗细均匀?

6 金鱼饺

【原料】

面粉150克,温水70克,鲜肉馅150克,罐头装红樱桃10克。

【制作工艺】

① 红樱桃改刀成青豆大小及圆整的粒状,小碗盛装备用。

② 面粉放在案板上,中间扒一塘坑,倒入温水,拌和,揉匀揉透,盖上湿毛巾待凉后使用。

③ 将面团搓成直径3厘米的细条状,揪成12个面剂,并从截面向下按扁,用面杖擀成直径约为8厘米的圆形坯皮。

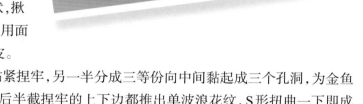

④ 将面皮对折向上提起,一半对边黏紧捏牢,另一半分成三等份向中间黏起成三个孔洞,为金鱼的嘴和两眼,将馅心推向头部,在后半截捏牢的上下边都推出单波浪花纹,S形扭曲一下即成单尾金鱼,也可以将后部向下按扁,剪成四片,再按出花纹成四尾金鱼。

⑤ 在眼睛上嵌入红樱桃粒,生坯入笼足汽蒸6分钟左右即成,装盘。

【营养成分】

金鱼饺营养成分表

营 养 项 目	每 份 含 量	单 位	NRV%
能量	1 080.7	千卡	45%
蛋白质	47.9	克	64%
脂肪	53.6	克	80%
碳水化合物	101.7	克	27%
膳食纤维	5.6	克	22.4%
钙(Ca)	216.9	毫克	27%
铁(Fe)	8.3	毫克	55%
锌(Zn)	2.4	毫克	16%
钠(Na)	1 001	毫克	45%

【制品特点】

形似金鱼,咸淡适中。

【思考题】

① 如何用金鱼的成型技法创新一个鱼类制品?

② 金鱼的动态美如何表现?

7 冠顶饺

【原料】

面粉 150 克,温水 70 克,鲜肉馅 150 克,樱桃 10 克。

【制作工艺】

① 面粉放在案板上,中间扒一塘坑,倒入温水,拌和,揉匀揉透,盖上湿毛巾待凉后使用。

② 将面团搓成直径 3 厘米的细条状,揪 12 个面剂,用面杖擀成直径约为 9 厘米的圆形坯皮。

③ 将坯皮的一面扑上干面粉,边缘分三等份向干粉的一面折起成等边三角形。在没有拍干粉的一面放上馅心,三条边蘸上水向中间合拢,相邻两边捏起成三条边,尖部留一小孔,在每条边上用拇指和食指捻捏成双波花纹,将反面原折起的边翻出。

④ 最后在饺子顶部放一小粒红樱桃装饰,即成冠顶饺生坯。

⑤ 入蒸笼上锅蒸 6 分钟,即可出笼装盘。

【营养成分】

冠顶饺营养成分表

营 养 项 目	每 份 含 量	单 位	NRV%
能量	1 624.7	千卡	68%
蛋白质	71.8	克	96%
脂肪	72.7	克	108%
碳水化合物	170.8	克	46%
膳食纤维	5.6	克	22.4%
钙(Ca)	305.9	毫克	38%
铁(Fe)	11.4	毫克	76%
锌(Zn)	3.4	毫克	22%
钠(Na)	1 350.1	毫克	61%

【制品特点】

造型别致,推边精巧,不破皮,无毛边,皮薄馅鲜。

【思考题】

① 冠顶饺的造型是什么寓意?

② 如何做到推出的花边均匀不破碎?

8 四喜饺

【原料】

面粉150克,温水60克,鲜肉馅150克,熟蛋皮40克,熟火腿50克,水发木耳40克,青菜叶100克,精盐5克,味精1克,色拉油20克。

【制作工艺】

① 将熟火腿切粒状、熟蛋皮切碎,水发木耳、青菜叶焯水后切碎末调咸鲜口味,各自装小碗备用。

② 在面粉中掺入60克温水拌和,揉匀揉透,待凉。

③ 将面团搓成直径3厘米的细条状,揪成12个面剂,并从截面向下按扁,用面杖擀成直径约为8厘米的圆形坯皮。

④ 左手托住面皮,放入馅心,将原皮分成四等份并向上拢起,中间沾点清水黏牢,使其形成四个大孔,同时距中心点1厘米处,分别将大孔洞相邻两边捏紧形成四个小孔洞。

⑤ 将四个大孔洞的顶端,用手指捏成尖头,使孔洞更加挺括、美观均匀,并在大孔洞内分别填入火腿末、蛋皮末、青菜末、黑木耳末,即成四喜饺生坯。

⑥ 把四喜饺生坯放入笼屉内,上旺火蒸5分钟即可取下装盘。

【营养成分】

四喜饺营养成分表

营养项目	每份含量	单位	NRV%
能量	1 449.2	千卡	60%
蛋白质	60	克	80%
脂肪	87.9	克	131%
碳水化合物	104.6	克	28%
膳食纤维	18.4	克	73.6%
钙（Ca）	353.8	毫克	44%
铁（Fe）	13.2	毫克	88%
锌（Zn）	4.1	毫克	26%
钠（Na）	3 619.3	毫克	165%

【制品特点】

造型匀称,呈正方形,大小孔洞均匀,色彩鲜艳,咸淡适中。

【思考题】

① 如何做到大小孔洞均匀?

② 孔洞填充原料选择有什么原则?

第3章

苏式船点制作

通过学习,使学生了解苏式船点的起源、制作工艺、文化内涵,掌握代表性苏式船点的制作方法。

第一节　苏式船点概述

一、苏式船点的工艺

(一)船点面团的调制工艺

传统的苏式船点是用5成细糯米粉和5成细粳米粉制作,行业上俗称镶粉。用镶粉制作的船点口感非常好,而目前很多餐饮企业喜欢用5成澄粉加5成糯米粉制作船点,澄粉加糯米粉制作的船点光泽和口感都很好。镶粉的调制方法是取镶粉的1/3用清水和成粉团,笼内垫上干净湿布,将粉面蒸熟,另2/3用清水与熟芡揉成团,然后着上各种颜色揉匀成团。澄粉加糯米粉面团一般直接用热水调制而成。很多船点品种制作时需要将面团着色,从营养和安全的角度考虑,很多人还巧妙地使用原料的天然颜色调配面团。常用红曲粉揉成绛红色面团,可可粉揉成酱褐色粉团,鸡蛋黄揉成黄色粉团,青菜汁或抹茶粉揉成绿色面团,胡萝卜汁揉成橙色面团,紫薯粉揉成紫色面团原料等。也可以在严格控制使用量的情况下使用人工合成色素调制,不过颜色应淡一些。当然,船点面团的调制也可以根据品种的不同也有不同程度的改变。例如植物船点,则适当简化烦琐的手工工艺,突出食用性,面团调制则注重营养,多采用澄粉与一定比例的糯米粉、杂粮粉掺和,这样既有植物本身的色泽又有原料的特有风味,如船点南瓜、柿子、玉米等;动物造型的船点一般以本色面团为主,在注重口味的同时,还特别注重其通透性,所以原料除澄粉和糯米粉外,还可以掺入一定比例的优质生粉,蒸熟后会更晶莹剔透,更是惹人喜爱。

(二)船点面团的调色工艺

1. 使用人工合成色素的注意事项

人工合成色素,一般较天然色素色彩鲜艳、耐热性强、性质稳定、着色强、易溶解、可任意调色、使用方便、成本低廉。但是,合成色素很多是以煤焦油中分离出来的苯胺染料为原料制成的,这类色素其本身不仅无营养价值,而且多数对人体健康有一定危害,所以我国的食品卫生标准对使用合成色素有严格规定。目前,允许使用的合成色素有苋菜红、胭脂红、柠檬黄、靛蓝和日落黄五种,使用时应注意如下五点。

(1)必须将食用合成色素粉末溶解成溶液方可使用。否则,会因色素粉末不易在食品中均匀分布,而形成制品色斑,且用量不易准确掌握而造成色素深浅不同,达不到图案用色的目的。

(2)配制色素溶液浓度以1%—10%为宜,过浓的溶液难以使色调均匀。

(3)配制色素水溶液所使用的水,需用冷开水或蒸馏水。因为pH值低时,溶解度降低,盐类可以发生盐析作用;水的硬度大时,容易使色素形成难以溶解的色淀。

(4)应随配随用,不宜久存。长期放置不用,会有沉淀物析出。胭脂红长期放置后还会变黑。

(5)利用色素着色,其色相、色度的选择应与食品原料的色彩相似或与食品名称相一致,并结合食用者的喜好选择色调。

2. 人工合成色素的调色原则

人工合成色素调制时要先调浅色面坯,再调深色面坯,减少相互影响;调色时手要蘸油,防止色素黏手上;调色时用面坯沾色,不能用手直接接触;调色时以浅色面坯为主,略加深色面坯。合成色素的配色规律如下。

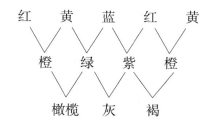

二、苏式船点的文化

苏式船点属苏式船菜中的点心部分,船菜有着悠久的历史,这与江南水城有关。江南水乡,历史上交通工具主要依赖舟楫,当时仅集中在著名的山塘河中的就有沙水船、灯船、快船、游船、杂耍船、逆水船等十多种,而沙水船、灯船、游船等一类均设有"厨房"。明清时期,商人往往在游船上设宴,船菜由此而越办越丰盛。吴门宴席,以冷盘佐酒菜为首,尔后热炒菜肴,间以精美点心,这些点心充满江南风味的香、软、糯、滑、鲜,而且造型精美,创意十足。后经历代名师不断研究改进,将花卉瓜果、鱼虫鸟兽等各种形象引入船点,形成了小巧玲珑、栩栩如生,既可观赏,又可品尝的特色点心。船点选料考究,制作精良,加上艺术的创造,成为江苏名点。船点的类型大致分为三类:花卉类、植物瓜果类、动物类。花卉类船点主要用于点缀,使整体更协调、更美观。植物瓜果形船点是依据植物的形态,再经艺术加工制作而成的,形态应达到形似而不全像的要求,色彩比实物鲜艳。动物形状船点制作精巧,技术要求高,制品要求形似而有艺术效果,而且要求生动活泼、色彩鲜艳。

第二节　苏式船点制品实例

9　蒜头

【原料】

五五镶粉 250 克,清水 100 克,细豆沙馅 150 克,红曲水 5 克。

【制作工艺】

① 将镶粉用热水烫制,揉匀揉透,调制成具有较强可塑性和一定黏性的白色船点粉团备用。

② 粉团揉匀搓成条,切成 20 个小剂,逐个揉光捏窝,放入豆沙馅,收口成团形,搓光。

③ 把团捏成一头扁圆形,中间捏出一个柄,用骨针在圆形周围刻出一条条的凹纹来,在中间柄的顶部,用剪刀剪平,用竹筷的圆头蘸红曲水涂染到剪平的顶部,成一头大蒜头,放入刷过油的笼内。

④ 生坯蒸 4 分钟成熟即成,装盘。

【营养成分】

船点"蒜头"营养成分表

营 养 项 目	每 份 含 量	单　　位	NRV%
能量	1 539.2	千卡	64%
蛋白质	24.5	克	33%
脂肪	26	克	39%
碳水化合物	301.8	克	81%
膳食纤维	5.7	克	22.8%
钙(Ca)	139.6	毫克	17%
铁(Fe)	9.1	毫克	61%
锌(Zn)	3.5	毫克	23%
钠(Na)	104.8	毫克	5%

【制品特点】

色彩自然,造型美观,栩栩如生。

【思考题】

① 船点面团如何改良以提高制品的亮泽度?

② 比较人工合成色素与天然色素的区别。

10 辣椒

【原料】

五五镶粉250克,枣泥馅150克,绿茶粉2克,红曲粉3克。

【制作工艺】

① 将镶粉用热水烫制,揉匀揉透,调制成具有较强可塑性和一定黏性的白色船点粉团备用。

② 取30克粉团掺入绿茶粉染成深绿色,其余粉团用红曲粉染成红色。

③ 将红色粉团摘成二十只剂子,每只包7.5克馅心。收口捏紧,搓成辣椒形状。用骨针顺长按几道印痕,在大的圆头按上一个用深绿色粉团做成的大椒蒂子,将椒身略弯些,即成辣椒生坯。

④ 将生坯蒸4分钟成熟即成,装盘。

【营养成分】

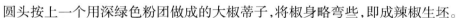

船点"辣椒"营养成分表

营养项目	每份含量	单 位	NRV%
能量	1 521.9	千卡	63%
蛋白质	24.1	克	32%
脂肪	25.9	克	39%
碳水化合物	298.1	克	80%
膳食纤维	5.6	克	22.4%
钙(Ca)	139	毫克	17%
铁(Fe)	8.9	毫克	59%
锌(Zn)	3.4	毫克	22%
钠(Na)	104.6	毫克	5%

【制品特点】

形态逼真,色泽鲜艳。

【思考题】

① 如何用辣椒成型的技法创新青椒或者灯笼椒的造型?

② 如不用红曲粉,还可以提取什么食材的颜色调制呢?

11 玉米

【原料】

五五镶粉250克,枣泥馅150克,绿茶粉2克,吉士粉3克。

【制作工艺】

① 将镶粉用热水烫制,揉匀揉透,调制成具有较强可塑性和一定黏性的白色船点粉团备用。

② 取80克白色粉团加入绿茶粉染成深绿色,其余白色粉团用吉士粉调成黄色粉团。

③ 将黄色粉团揉匀搓成条,切成20个小剂,逐个揉光捏窝,放入枣泥馅,收口搓捏成一头圆、一头尖长的圆锥形,用骨针在圆锥形正面刻上数道玉米直纹,然后再交叉刻上横纹成玉米粒子。

④ 把另一小块绿色的粉团分成20个小段,每小段捏成两瓣玉米叶子和柄、装在玉米圆头中间,成一个玉米。放入刷过油的笼内。

⑤ 将生坯蒸四分钟成熟即成,装盘。

【营养成分】

船点"玉米"营养成分表

营 养 项 目	每 份 含 量	单 位	NRV%
能量	1 521.9	千卡	63%
蛋白质	24.1	克	32%
脂肪	25.9	克	39%
碳水化合物	298.1	克	80%
膳食纤维	5.6	克	22.4%
钙(Ca)	139	毫克	17%
铁(Fe)	8.9	毫克	59%
锌(Zn)	3.4	毫克	22%
钠(Na)	104.6	毫克	5%

【制品特点】

色彩自然,造型美观,栩栩如生。

【思考题】

① 如何确保玉米粒子饱满、弹性足?

② 贴玉米叶子有什么技巧?

12 荸荠

【原料】

五五镶粉250克,枣泥馅150克,可可粉15克,红曲粉3克。

【制作工艺】

① 将镶粉调制成白色船点粉团,取粉团的五分之四用可可粉和红曲粉调制成荸荠绛红色,其余的粉团二分之一用可可粉和红曲粉深褐色粉团,另留少量白色粉团备用。

② 将荸荠色的粉团搓长,摘成25个剂子。分别按扁,包进馅心,收口捏紧朝下,中间用拇指按一凹塘。

③ 取深褐色粉团,搓成比粉丝略细的条子,在荸荠生坯的上端和下端各绕一圈。再搓成稍粗的3厘米长的深褐色粉条三根(两头尖),白粉条两根,交叉放好并对折。用面挑在顶部中间戳一个小孔,将折成的粉条按在上面成荸荠牙子。

④ 取深褐色粉团和白色粉团,分别搓成极细的丝,约0.5厘米长,对折起来,在下端一圈放上2—3条白色细丝做嫩芽,即成荸荠生坯。

⑤ 将生坯蒸四分钟成熟即成,装盘。

【营养成分】

船点"荸荠"营养成分表

营 养 项 目	每份含量	单　　位	NRV%
能量	1 558.3	千卡	65%
蛋白质	25.5	克	34%
脂肪	27.1	克	40%
碳水化合物	303.1	克	81%
膳食纤维	7	克	28%
钙(Ca)	133.8	毫克	17%
铁(Fe)	8.3	毫克	56%
锌(Zn)	3.3	毫克	22%
钠(Na)	106.6	毫克	5%

【制品特点】

工艺精细,造型别致,色彩鲜艳,形态逼真,味美可口,是筵席佳点。

【思考题】

① 利用三原色调制黑色面团,如何做到更加精准?

② 植物船点造型有什么要求?

13 雏鸡

【原料】

五五镶粉250克，沸水100毫升，黑芝麻1克，豆沙馅100克，吉士粉5克。

【制作工艺】

① 将镶粉用热水烫制，揉匀揉透，调制成具有较强可塑性和一定黏性的白色船点粉团备用。

② 取五分之四白色粉团掺入吉士粉成淡黄色粉团，其余用吉士粉调制成深黄色面团。

③ 将淡黄色粉团揉匀搓成条，切成20个小剂，逐个揉光捏窝，放入豆沙馅，收口成球形。捏出鸡头、身躯和尾巴，在头部装上深黄色鸡嘴，用黑芝麻嵌入头部两侧做眼睛，在背部两侧剪出两只翅膀，于腹部下装上两只深黄色脚爪，这样便做成刚孵化出来的黄色小鸡，放入刷过油的笼内。

④ 生坯蒸四分钟成熟即成，装盘。

【营养成分】

船点"雏鸡"营养成分表

营 养 项 目	每 份 含 量	单 位	NRV%
能量	1 133.5	千卡	47%
蛋白质	17.2	克	23%
脂肪	4.7	克	7%
碳水化合物	255.6	克	68%
膳食纤维	5.2	克	20.8%
钙（Ca）	81.8	毫克	10%
铁（Fe）	6.2	毫克	42%
锌（Zn）	2.9	毫克	18%
钠（Na）	93.5	毫克	4%

【制品特点】

色彩自然，造型美观，栩栩如生。

【思考题】

① 刚孵化出小鸡如何表现憨态可掬的形象？

② 表现动物造型的神态特征有什么技巧？

14 玉鹅

【原料】

五五镶粉150克,莲蓉馅150克,黑芝麻1克,红曲粉2克。

【制作工艺】

① 将镶粉调制成白色船点粉团,取50克粉团用红曲粉染成红色,做鹅冠、嘴、爪用。

② 其余粉团搓长,摘成10只剂子,每只剂子包入馅心,收口捏紧朝下,搓成圆锥形,尖部捏成鹅的头、颈,中部作鹅身。

③ 另一头略捏尖按扁,用木梳印上齿纹,向上略翘起做鹅尾,鹅头前端嵌上红色粉粒,捏成鹅嘴。鹅头两侧按上两颗黑芝麻做眼睛。鹅头上按上红色面团做成的鹅冠。鹅

体两侧剪出2只翅膀,或者另取小白色面团做成两只翅膀,用梳压出羽纹,再用蛋清黏在鹅身两侧,最后在体下按上用红色粉团做成的爪,即成玉鹅生坯。

④ 将生坯上笼蒸4分钟熟后,装盘。

【营养成分】

船点"玉鹅"营养成分表

营 养 项 目	每份含量	单 位	NRV%
能量	1 418.4	千卡	59%
蛋白质	38.5	克	51%
脂肪	7.6	克	11%
碳水化合物	299	克	80%
膳食纤维	8	克	32%
钙(Ca)	208.2	毫克	26%
铁(Fe)	10.5	毫克	70%
锌(Zn)	6.4	毫克	41%
钠(Na)	74.8	毫克	3%

【制品特点】

色彩自然,造型美观,栩栩如生。

【思考题】

① 玉鹅的神态变化可以通过哪些部位来改变?

② 如何解决蒸制时鹅颈部的塌陷问题?

15　金鱼

【原料】

　　五五镶粉250克,枣泥馅150克,红曲粉5克,黑芝麻1克。

【制作工艺】

① 将镶粉用热水烫制,揉匀揉透,调制成具有较强可塑性和一定黏性的白色船点粉团备用。

② 取50克白色粉团加入红曲粉调制成红色面团。

③ 将本色粉团搓条,摘成10只剂子,取适量红色面团掺色后搓圆,按扁后包入馅心,收口捏紧朝下,捏成葫芦形,将葫芦小头部压扁,剪成四边,成尾初形,然后把尾部压出花纹。

④ 用镊子在葫芦大头部夹出鱼鳞,用刀具压出眼窝和嘴,用黄色面团黏上眼圈,沾上黑芝麻黑色面团做眼睛,前端处用圆形槽口刀撮出鱼嘴即可。

⑤ 生坯上笼蒸4分钟熟后,装盘。

【营养成分】

船点"金鱼"营养成分表

营 养 项 目	每份含量	单　　位	NRV%
能量	1 533.7	千卡	64%
蛋白质	23.4	克	31%
脂肪	28.1	克	42%
碳水化合物	296.8	克	79%
膳食纤维	5.5	克	22%
钙(Ca)	161.8	毫克	20%
铁(Fe)	9.3	毫克	62%
锌(Zn)	3.5	毫克	22%
钠(Na)	103.6	毫克	5%

【制品特点】

色彩绚丽,形态逼真。

【思考题】

① 如何表现金鱼尾巴的动态美?

② 如何改变造型做出不同的金鱼?

16 玉兔

【原料】

五五镶粉150克,莲蓉馅150克,黑芝麻5克,红曲粉3克。

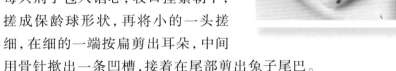

【制作工艺】

① 将镶粉调制成白色船点粉团,取50克粉团用红曲粉染成红色,做兔子耳朵、眼睛用。

② 将其余粉团搓长,摘成10只剂子,每只剂子包入馅心,收口捏紧朝下,搓成保龄球形状,再将小的一头搓细,在细的一端按扁剪出耳朵,中间用骨针撬出一条凹槽,接着在尾部剪出兔子尾巴。

③ 取小块红色面团,再搓两粒眼睛装在面部的两侧,然后用剪刀剪出嘴唇成白兔的生坯。

④ 将生坯上笼蒸4分钟熟后,装盘。

【营养成分】

船点"玉兔"营养成分表

营养项目	每份含量	单 位	NRV%
能量	1 418.4	千卡	59%
蛋白质	38.5	克	51%
脂肪	7.6	克	11%
碳水化合物	299	克	80%
膳食纤维	8	克	32%
钙(Ca)	208.2	毫克	26%
铁(Fe)	10.5	毫克	70%
锌(Zn)	6.4	毫克	41%
钠(Na)	74.8	毫克	3%

【制品特点】

色彩自然,造型可爱,口感软糯。

【思考题】

① 玉兔的神态变化可以通过哪些部位来改变?

② 玉兔的面部轮廓特征如何表现?

米及米粉点心制作

通过学习,使学生了解米及米粉类点心的制作工艺,了解各种代表性名点的文化内涵,掌握其制作方法。

第一节　米及米粉面团概述

米及米粉类制品是指以稻米和稻米碾磨成的粉为主要原料,以糖、油、蜜饯、肉类、鱼虾、果品等为辅料和馅料,经加工制作而成的食品,其种类繁多,主要有粥、饭、糕、团、粽等品种。其中,米类制品包括:粥、饭、粽、米团、米糕;米粉类制品根据调制方式的不同,可以大致分为三种:米粉糕类制品、米粉团类制品和发酵米粉制品。

我国米及米制品的起源与发展与我国盛产稻米以及人民的饮食风俗习惯很有关系。据典籍记载,早在三千多年前的殷周时期就开始利用稻米为原料制作米面食品了。我国民间流传有春节吃年糕、正月十五吃元宵、清明吃青团、端午吃粽子、重阳节吃重阳糕,腊月里吃腊八粥……由此可见,我国人民用米、米粉制作食品的历史已经很悠久了。

以米、米粉制作食品,主要流行于我国南部各省。特别是江浙一带的米、米粉制品制作精巧,品种丰富多彩,仅苏州、无锡的糕点品种就达到200多种,苏州黄天源糕团店,无锡穆桂英小吃店制作的各类集食用性与艺术性于一体的糕点制品,堪称米类、米粉制品中的精品。随着点心制作技术的发展和交流,米和米类制品将得到不断的传承、发展和普及,成为餐桌上的常见食品。

一、米粉面团的特性

1. 基本不能单独用来做发酵制品

我们知道,发酵必须具备两个基本条件:一是产生二氧化碳气体的能力;二是保持二氧化碳气体的能力。面粉所含的直链淀粉较多,容易被淀粉酶作用水解成可供酵母利用的糖分,经酵母的繁殖和发酵作用产生大量的二氧化碳气体,面粉中的蛋白质能形成面筋,能包裹住发酵过程中不断产生的气体,使面团体积膨大,组织松软。米粉所含的直链淀粉较少,可供淀粉酶分解为单糖的能力低,故酵母发酵所需糖不足,产气能力差。同时,米粉中所含的蛋白质则是不能生成面筋的谷蛋白和谷胶蛋白,没有保持气体的能力,所以米粉无法使制品达到膨松。基于以上两方面的原因,米粉基本不做发酵面团使用,但由于米的种类不同,情况又有所不同,糯米、粳米所含的直链淀粉都很少,籼米的直链淀粉含量高于糯米粉和粳米粉而接近于面粉,具有生成气体的能力,可用于发酵米团的调制,但由于缺乏保持气体的能力,故籼米粉团发酵一般是磨成米浆调制,有助于二氧化碳保留在米浆中,所以说米粉中只有籼米在一定条件下可以用来发酵。

2. 调制米粉必须使用热水

这主要是由米粉中占多数的支链淀粉的特性决定的,米及米粉所含的蛋白质是谷胶蛋白和谷蛋白,不能产生面筋,虽然米及米粉所含的淀粉胶性大,但是淀粉在水温低时,不溶或很少溶于水,淀粉的胶性不能很好地发挥作用,所以冷水调制根本无法成团,没有筋性、韧性,松散,不具延展性,即使成团也很散碎,不易制皮包捏成形,因此调制米粉面团往往采用"煮芡"和"烫粉"的方法来辅助操作,通过淀粉的糊化产生黏性,使面团成团。

3. 面团黏性强,韧性差

米粉面团在调制中通过提高水温、蒸、煮等方法使淀粉在热水中能大量吸水膨胀糊化从而形成黏性特强、韧性差的面团特点。

4. 调制时须掺粉

不同品种、不同等级的米磨成米粉,其软、硬、黏、糯各有不同。为了使制品软硬适度,增加风味特色,在不同制品面团调制时常采用各种掺粉的方法。掺粉的好坏,对制品的质量影响很大,所以掺粉是调制米粉面团一道重要的工序。

二、米粉面团调制工艺

米粉面团是以糯米粉、粳米粉或者水磨粉、面粉等按一定的比例掺和后加水调制而成的粉团,也可以是纯糯米粉调制的粉团,大体可分为生粉团、熟粉团两类。

1. 生粉团调制

生粉团即是先成形后成熟的粉团。制作方法:用少量粉先用沸水烫熟或煮成芡,再掺入大部分生粉料,调拌成块团或揉搓成块团,再制皮,捏成团子,如各式汤团。其特色是皮薄、馅多、黏糯,吃口滑润。生粉团子的调制方法,主要有如下两种。

(1)泡心法。将糯米粉、面粉掺和的粉料倒在缸内,中间挖个凹坑,用适量的沸水冲入(沸水与粉的比例约为1∶4),先将中间部分的粉烫熟(称为熟粉心子),再将四周的干粉掺入适量的冷水,与熟粉心子一起糅合,反复揉到软滑不黏手为止。

(2)煮芡法。取约四分之一的水磨粉,用适量的冷水搅拌成粉团,压成"薄饼"(太厚不易熟),投入沸水中煮熟成"芡",或者将原料配方里的面粉或澄粉单独用开水烫熟,冷水冲凉成"芡"。再将其余的水磨粉摊开,将煮熟的"芡"投入,加冷水揉搓均匀、光滑、不黏手为止。用熟"芡"制作时的要点如下。

① 生粉团的熟芡,做法较多,但大多数用水煮,而且必须等水沸后才可投入,否则就容易沉底散破。投入后须用勺子轻轻从锅边插入搅拌,防止团子沉底黏锅破烂。第二次水沸时,须加适量的凉水,抑制水的沸滚,使团子漂浮在水面上3—4分钟,色全变即成熟芡。

② 面粉或者澄粉烫芡,则需要水开量足,将粉料局部逐次烫熟,烫好的芡成块状而不是糊状,冷水冲凉。

③ 芡在米粉中主要起着黏合作用,用芡量多会黏手,不易操作;用芡少了,成品容易裂口,下锅易破散。

④ 根据天气的冷热,粉质的干湿,正确掌握用"芡"量多少。热天粉质易潮,用芡应少些;冷天粉质干燥,用芡量应多些。

2. 熟粉团调制

所谓熟粉团,即是将糯米粉、粳米粉加以适当掺和,加入冷水拌和成粉粒蒸熟,然后倒入机器打透打匀形成的块团。制熟粉团时应特别注意卫生,要反复揉按、揉透、揉光滑。具体调制方法与黏质糕相似,也要经过拌粉、蒸制、搅拌的过程,只是熟粉团在分块、搓条、下剂、包馅后要制成圆团形。例如,芝麻凉团、雪媚娘等。

3. 掺粉的方法

(1)糯米粉与粳米粉掺和。将糯米粉、粳米粉根据品种要求按比例掺和制成粉团。其制品软糯、滑润,可制成松糕、拉糕等。

(2)米粉与面粉掺和。米粉中加入面粉,这是最常用的方法,能增加粉团中的面筋质。如糯米粉中掺入适当的面粉,其质地黏糯有劲,制出的成品不易走样。一般糯米粉与面粉以4∶1的比例掺和。

(3)米粉与澄粉掺和。淀粉经沸水烫后色泽洁白,爽而带脆,米粉中加入澄粉,能增加制品的爽脆和美观色泽。所以蒸和炸制的制品都可以选用澄粉烫芡掺和。一般糯米粉与澄粉以4∶1的比例掺和。

(4)米粉与杂粮粉掺和。在制作点心过程中也会用到杂粮粉,如豆粉、薯粉、高粱粉和小米粉等,都可以和米粉掺和使用,还可以掺南瓜泥、山药泥等。掺后的面团营养丰富,风味独特。

掺和比例一般考虑杂粮性质、制品要求,以及制品的成熟方法等。例如掺南瓜泥,油煎的可以比蒸制多掺和一些。

第二节　米及米粉点心制作实例

17　嘉兴粽子

【制品文化】

相传,在民国初年,有一批浙江兰溪人来到嘉兴,他们冬天经营弹棉花生意,春夏时节担着粽子担走街串巷地叫卖。民国十年(1921年),张锦泉在张家弄6号开了首家"五芳斋"粽子店,数年后又有两个嘉兴人冯昌年、朱庆堂在同一弄里开了两家"五芳斋"粽子店,三店分别以"荣记""合记""庆记"为号,并在粽子的选料、工艺等方面展开激烈竞争,使粽子技艺日趋成熟,并形成了鲜明的特色——"糯而不糊,肥而不腻,香

糯可口,咸甜适中",成为名扬江南的"粽子大王"。1956年,三家店合并为一家"嘉兴五芳斋粽子店",传承着嘉兴粽子的手工制作工艺;1987—1989年,曾连续三年获得省名特优产品"玉兔奖""首届中国食品博览会金奖"、商业部"金鼎奖";1995年,新建占地1.3万多平方米的五芳斋粽子厂,使粽子生产开始走上规模化、集团化发展道路;1997年,又再次扩大粽子生产规模,使粽子日产量达50万只,同时产品也从原来的几种发展到现在的近百种,并获得了首届国货精品奖、1996年中国食品博览会金奖等荣誉称号;如今,嘉兴五芳斋粽子因其滋味鲜美、携带方便、食用方便而备受广大旅游者厚爱,产品远销日本、东南亚等地。小小粽子在一定程度上成了稻米之乡嘉兴的一种象征,被誉为"饮食文化的代表,对外交流的使者"。

【原料】

糯米800克,猪夹心肉200克,粽叶20张,精盐10克,白糖20克,鸡精3克,味精2克,料酒20克,老抽20克,色拉油20克,葱10克,姜10克,80厘米长的棉线10根。

【制作工艺】

① 将糯米淘洗干净,沥干水分。

② 将粽叶放入沸水煮,水开10分钟后取出,用冷水洗净,将修剪去叶柄。

③ 将夹心肉肥瘦分开切成宽2厘米、厚1厘米、长5—6厘米的条状,放入少许精盐、白糖、味精、鸡精、黄酒、葱姜、老抽拌匀待用。沥干水分的糯米中加入盐、白糖、老抽、味精、鸡精和适量色拉油拌匀待用。

④ 取粽叶一张(小的两张),折叠成漏斗状,用左手托紧,右手舀入约40克糯米,两瘦一肥的三

块肉（肥肉夹在两条瘦肉之间），再放40克的糯米与斗口平，将其盖上。将粽叶上端折叠盖住裹紧，使之成三角形粽子，中间用绳子扎紧。

⑤ 将锅置火上旺火烧沸，将生坯落锅，水高出生坯5厘米，用大火烧1小时后，小火焖2小时，起锅即成。食用时剥去粽叶。

【营养成分】

嘉兴粽子营养成分表

营 养 项 目	每 份 含 量	单 位	NRV%
能量	3 702	千卡	154%
蛋白质	90.3	克	120%
脂肪	88.8	克	132%
碳水化合物	635.4	克	170%
膳食纤维	6.6	克	26.4%
钙（Ca）	104.2	毫克	13%
铁（Fe）	17.8	毫克	118%
锌（Zn）	11.3	毫克	73%
钠（Na）	6 793.5	毫克	309%

【制品特点】

糯而不糊，肥而不腻，香糯可口，咸甜适中。

【思考题】

① 糯米的品质对粽子的质量有什么影响？

② 如何控制粽子的口感？

18　桂花白糖年糕

【制品文化】

桂花白糖年糕是江苏苏州著名的糕团品种，每年春节前上市，为吴地家家户户必备之年品。此俗由来已久至今不衰，除因年糕和"年高"谐音，含有吉祥口彩之意外，尚有历史人物传说。相传元末泰州人张士诚，以贩盐为业，率盐丁起兵，1356年攻陷平江并定都，称吴王。后被明太祖朱元璋讨伐，张被困苏州，为稳定军民军心，坚持抵抗，遂命部下把城内南园、北园一带粮食集中起来，磨粉制成砖形米糕干粮，堆砌成墙，以备饥荒。由于长期被困，粮食日趋紧张，士诚即命部下拆下糕墙以赈百姓，后被朱元璋部下将军徐达识破，士诚被俘至金陵自缢身亡。后苏州人民为感谢他的深情厚谊，故每年过春节都要做年糕以表纪念。

【原料】

水磨糯米粉700克，水磨粳米粉300克，白砂糖100克，糖桂花40克，色拉油30克。

【制作工艺】

① 将糯米粉和粳米粉倒入盆内拌和均匀，中间挖一凹塘，放入白砂糖，将300克清水逐渐倒入，双手抄拌均匀，静置24小时。

② 将蒸笼铺上纱布，抹一层色拉油，（量大则用专门的蒸桶）倒入糕粉，约4厘米厚度，蒸20分钟，糕体呈白色成熟取出。

③ 案板上铺一块湿白布，将熟糕粉倒入，放入甜桂花，双手抓住布角将糕翻身，布覆盖上面。案板上洒上凉开水防黏，用力反复揉成光滑不黏手的糕坯。

④ 将糕坯揉按成厚度5厘米的长条形，待冷却后，拉切成长16厘米，宽8厘米，5厘米厚度的长方形糕。

⑤ 另取一个糕板，涂抹一些色拉油，将切好的年糕依次摆放，晾凉，翻身即可。

【营养成分】

桂花白糖年糕营养成分表

营 养 项 目	每份含量	单 位	NRV%
能量	4 255.2	千卡	177%
蛋白质	85.2	克	114%
脂肪	38.8	克	58%
碳水化合物	891.3	克	238%
膳食纤维	5.4	克	21.6%
钙（Ca）	141.8	毫克	18%

营养项目	每份含量	单 位	NRV%
铁（Fe）	9.2	毫克	61%
锌（Zn）	11.7	毫克	76%
钠（Na）	65	毫克	3%

【制品特点】

黏糯润滑,香甜可口。

【思考题】

① 苏式年糕能否只用糯米粉蒸制?

② 苏式年糕能否先将粉团成形,再蒸制成熟?

19　玉兰饼

【制品文化】

清道光三十年（1850年），无锡城中迎迓亭孙记糕团店从民间用玉兰花瓣做面拖饼的方法得到启发，将玉兰花瓣洗净后斩碎，拌入配料作为馅心，外用糯米粉包裹后放在油里煎制，称为玉兰饼。以后，经过不断的创新和发展，馅心的品种不断增加，除鲜肉馅心外，还有菜猪油、玫瑰、豆沙、芝麻馅心等多个品种，玉兰饼如今已成为无锡市民最喜欢的家常点心。

【原料】

水磨糯米粉400克，澄粉100克，糖50克，鲜肉馅300克，色拉油150克。

【制作工艺】

① 将澄粉加入适量的沸水烫成较软的熟面团，用冷水冲凉，做澄粉熟芡备用。

② 将澄粉芡和水磨糯米粉、糖、水调制成软硬适中的面团。

③ 搓条、下剂，约30克一个，将剂子搓圆，捏成漏斗状，包入鲜肉馅20克，收口搓圆，稍按扁成圆柱形，中间用大拇指按一凹坑即成生坯。

④ 平底锅烧热放油，油浸没制品2/3高度，小火先煎有凹坑的一面，后煎另一面，至两面金黄内熟即成。

【营养成分】

玉兰饼营养成分表

营 养 项 目	每 份 含 量	单 位	NRV%
能量	4 354.2	千卡	181%
蛋白质	84.8	克	113%
脂肪	253.4	克	378%
碳水化合物	433.6	克	116%
膳食纤维	2.4	克	9.6%
钙（Ca）	423	毫克	53%
铁（Fe）	22.3	毫克	149%
锌（Zn）	9.4	毫克	61%
钠（Na）	2 009.8	毫克	91%

【制品特点】

色泽金黄，外脆里糯，肉嫩味鲜。

【思考题】

① 玉兰饼中掺入澄粉有什么作用?

② 玉兰饼为什么用煎制的方法成熟? 如果用炸制成熟,成品会有什么不同?

20 枣泥拉糕

【制品文化】

枣泥拉糕是江苏苏州等地的冬春季汉族风味糕类小吃,因不同的季节出产不同的辅料,所以拉糕也有了许多不同的小种类,如瓜子仁玫瑰拉糕、松仁南瓜拉糕、薄荷拉糕之类。以前做此枣泥拉糕时用糯米粉和水较多,将做好的糕盛碗中,食时要用筷子挑起、拉开,故名拉糕。后经改进制作方法,减少加水量,切块后装盆,形态美观、风味更佳。苏州地区百姓喜食糯米类制品,因此枣泥拉糕是苏州地区早点和宴席点心中的常见品种。

【原料】

水磨糯米粉750克,水磨粳米粉250克,熟猪油200克,小红枣750克,白糖500克,松子仁50克,色拉油20克。

【制作工艺】

① 枣泥熬制:小红枣洗净,放在铝盆内加清水入笼用旺火蒸至酥烂,取出枣汤待用。将酥烂枣子用网筛擦出枣泥,取一只干净不粘锅上火,将熟猪油150克下锅,加白糖250克,将枣泥一起入锅,用木铲不停地炒动,使枣泥慢慢地收干上色后取下,晾凉。

② 糕糊拌制:将余下的熟猪油、白糖、枣汤(1升)一起倒入不锈钢锅中加热溶化入,冷却后把糯粉、粳粉一起入锅调成厚的糊状,成枣泥糕坯。

③ 在不锈钢长方盘上抹上一层色拉油,或者铺一层保鲜膜,将枣泥糕坯倒入盘内铺平,约3厘米厚度,在上面撒上松子仁。

④ 入蒸笼旺火蒸制45分钟至熟,取出冷却,将枣泥糕放在案板上,切成菱形块,装盘即可。

【营养成分】

枣泥拉糕营养成分表

营 养 项 目	每份含量	单 位	NRV%
能量	10 253.7	千卡	427%
蛋白质	111.7	克	149%
脂肪	264.5	克	395%
碳水化合物	1 856.6	克	496%
膳食纤维	21	克	84%
钙(Ca)	372.6	毫克	47%
铁(Fe)	22.2	毫克	148%

营 养 项 目	每 份 含 量	单 位	NRV%
锌（Zn）	14.4	毫克	93%
钠（Na）	3 737.3	毫克	170%

【制品特点】

枣香扑鼻,肥甜润滑。

【思考题】

① 枣泥拉糕为什么选用小红枣制作枣泥? 用蜜枣代替对制品有什么影响?

② 枣泥拉糕为什么要蒸熟晾凉后再切成小块?

21 宁波汤圆

【制品文化】

汤圆是宁波的著名小吃之一,也是中国的代表小吃之一,历史十分悠久。据传,汤圆起源于宋朝,当时明州(现宁波市)兴起吃一种新奇食品,即用各种果饵做馅,外面用糯米粉包裹搓成球,煮熟后,吃起来香甜可口,饶有风趣。因为这种糯米球煮在锅里又浮又沉,所以它最早叫"浮元子",后来有的地区把"浮元子"改称元宵。与北方人不同,宁波人在春节早晨都有合家聚坐共进汤圆的传统习俗。

【原料】

水磨糯米粉150克,黑芝麻80克,白糖80克,糖桂花2克,猪板油30克。

【制作工艺】

① 黑芝麻洗净,倒入锅中,先用旺火炒干,然后用小火缓炒至熟,冷却后碾成粉,用筛筛细。

② 将猪板油剔去皮膜,斩成细茸,放入碗中,加白糖芝麻粉,拌匀擦透,搓成馅心,12个。

③ 将糯米粉加入温水揉透,做成12个剂子,每个剂子捏成酒盅形,裹入馅心15克,收口,搓圆成汤圆生坯。

④ 锅置中火上,加水,待水沸放入汤团,用勺轻轻推动,以免黏底。待汤沸起,分次加入少量冷水或调小火力,以免汤团皮破漏馅和外熟里不熟。约煮8分钟,至汤团浮起,馅心完全熟透,起锅装碗,碗内加些汤水,撒上糖桂花即可。

【营养成分】

宁波汤圆营养成分表

营 养 项 目	每 份 含 量	单 位	NRV%
能量	4 745.8	千卡	198%
蛋白质	92.9	克	124%
脂肪	185.4	克	277%
碳水化合物	676.4	克	181%
膳食纤维	26.2	克	104.8%
钙(Ca)	1 069.5	毫克	134%
铁(Fe)	30.8	毫克	205%
锌(Zn)	13.8	毫克	89%
钠(Na)	210.2	毫克	10%

【制品特点】

细腻油润,色泽光亮,形如满月,是宁波传统风味小吃。

【思考题】

① 宁波汤圆和其他地方的汤圆有什么不同?

② 宁波汤圆包制时要注意些什么?

22 麻团

【制品文化】

麻团是用糯米粉加白糖、猪油和水揉制成形，再入锅经油炸而成。因其呈圆团形，表面又沾裹有芝麻，故得此名。麻团在广东地区又叫"煎堆"，华北地区称麻团，东北地区称麻圆，海南又称珍袋，广西又称油堆，上海又称麻球，是中国油炸面食的一种，也是广东及港澳地区常见的贺年食品，有"煎堆辘辘，金银满屋"之意。南方的麻团一般只用糯米粉，而北方的麻团中常掺入一定量的面粉，另有一种石

榴花煎堆，上面有红色花状物体，形似石榴，寓意多子。麻团虽是一种极为普通的小吃，制作起来也并不复杂，但火候掌握有一定的难度，如果火候控制不好，炸制时会爆裂，溅出的热油容易伤到皮肤。

【原料】

水磨糯米粉400克，面粉100克，白糖100克，猪油50克，去皮白芝麻150克，豆沙馅300克，色拉油1 500克（实耗75克）。

【制作工艺】

① 将面粉加入适量的沸水烫成较软的熟面团，用冷水冲凉，成面粉芡备用。

② 将面粉芡和水磨糯米粉、猪油一起，加入糖、水调制成软硬适中的面团。

③ 将上述面团搓条，分摘下剂，约30克一个，搓圆，将团坯捏成漏斗状，包入馅心约15克，收口搓圆。

④ 团子表面抹水，放入白芝麻内，使其表面均匀的滚沾上一层芝麻，即成生坯。

⑤ 锅置火上，加色拉油烧至100℃左右时，放入生坯氽制，见麻团浮起，逐步加温（一般不超过160℃），边炸边用手勺背部晃动生坯，坯体逐渐胀大，待色泽金黄，外壳发硬即可捞出。

【营养成分】

宁波汤圆营养成分表

营 养 项 目	每 份 含 量	单 位	NRV%
能量	5 600.8	千卡	233.7%
蛋白质	92.9	克	124%
脂肪	280.4	克	419%
碳水化合物	676.4	克	181%
膳食纤维	26.2	克	104.8%
钙（Ca）	1 069.5	毫克	134%
铁（Fe）	30.8	毫克	205%

营 养 项 目	每 份 含 量	单 位	NRV%
锌（Zn）	13.8	毫克	89%
钠（Na）	210.2	毫克	10%

【制品特点】

外形滚圆饱满,色泽金黄,皮薄香脆,内甜糯。

【思考题】

① 麻团在炸制过程中会爆裂是什么原因?

② 如何控制炸制麻团的火候?

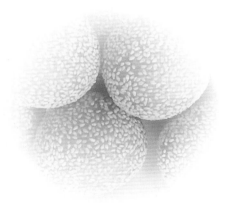

23 猪油百果松糕

【制品文化】

猪油百果松糕是上海风味点心。它曾经是喜庆寿宴及过春节必备之品，清末时期与桂花糖年糕同时盛名沪上，近百年来一直深受欢迎，常作为节日馈赠礼品。它属于糕团中的松质糕。松质糕是以粗糯米粉和粗粳米粉按一定的比例掺和，加入糖、香料、植物性色素等配料，再加适量的清水或熬成的糖水拌成松散的粉粒，然后在各种模型内筛入糕粉，上笼蒸制而成，或将糕粉筛入大方格内，蒸制成熟后切成不同形状的小块。松质糕具有韧性小、质地松软、遇水易容、易消化的特点。

【原料】

干磨糯米粉250克，干磨粳米粉250克，糖莲子20克，蜜枣30克，青梅30克，白砂糖250g，核桃肉仁20克，瓜子仁10克，松子仁10克。

【制作工艺】

① 将干磨糯米粉与干磨粳米粉混合均匀，料粉中间扒一凹塘，放入砂糖150克、清水拌和均匀。静置2小时（冬天时间略长），待糕粉干而松散，倒入细筛内，用手擦筛成粉粒状，除去粉块待用。

② 在蒸制模具底部抹上少许熟油防黏，将蒸粉倒入模具刮平或者用筛子直接筛入后刮平，不能按实，约5厘米厚度。

③ 将蜜枣、糖莲子、核桃肉、瓜子仁、松子仁、青梅等均匀地洒在蒸粉上或摆成漂亮的花纹图案，再撒上剩下的100克糖，把模具放入蒸锅旺火蒸制。

④ 待接近成熟时揭开笼盖，略撒些温水再蒸制糕面发亮，取出冷却即可。

【营养成分】

猪油百果松糕营养成分表

营养项目	每份含量	单位	NRV%
能量	3 039.5	千卡	126%
蛋白质	48.5	克	65%
脂肪	19.1	克	28%
碳水化合物	668.4	克	179%
膳食纤维	6.8	克	27.2%
钙（Ca）	176.2	毫克	22%

营养项目	每份含量	单位	NRV%
铁（Fe）	8.7	毫克	58%
锌（Zn）	7.5	毫克	48%
钠（Na）	57.6	毫克	3%

【制品特点】

色泽洁白,口感暄软,味香甜,不黏牙。

【思考题】

① 如何才能使猪油百果糕的质地暄软?

② 百果松糕的风味形成与哪些因素有关?

24 蓑衣圆子

【制品文化】

"青箬笠，绿蓑衣，斜风细雨不须归。"蓑衣本是一种古时百姓常用的雨具，用麻或禾草编制而成，外表毛毛刺刺，曾几何时，农民家家户户都有几件蓑衣。在烹饪中，常将馅心外面滚上一层糯米外衣，经蒸制后，米粒颗颗竖起，像披着的蓑衣，因而称为蓑衣圆子，又因为米粒晶莹透亮，故也称珍珠圆子。蓑衣圆子大多以肉类为馅心，安徽地区却用蜜饯为馅心，制作的徽州甜点蓑衣圆子独树一帜，更因为它需用冻糯米为原料，制成的成品为半透明的状态，深受徽地食客的欢迎。

【原料】

干淀粉300克，金橘饼10克，豆腐400克，甜杏仁5克，冻糯米250克，冬瓜条10克，猪板油200克，糖桂花5克，白糖150克，青红丝5克，芝麻仁100克。

【制作工艺】

① 将芝麻仁炒熟碾碎，金橘饼、冬瓜条切成末，冻糯米放开水中浸泡2小时，捞起沥干备用。

② 将猪板油撕去皮膜，剁成泥，放在碗内，加白糖、芝麻屑、金橘饼末、冬瓜条末、甜杏仁、糖桂花拌和均匀，做成10个圆球作馅心。

③ 将干淀粉放在盆内，加入豆腐拌匀揉透，分成十个面剂，擀成薄圆饼皮，每个圆皮，包入一个馅心，收口捏紧按成扁圆球，滚上一层糯米，上笼用旺火蒸15分钟左右取出，撒上青红丝即成。

【营养成分】

蓑衣圆子营养成分表

营养项目	每份含量	单位	NRV%
能量	4 980.6	千卡	207%
蛋白质	68.3	克	91%
脂肪	239.8	克	358%
碳水化合物	637.3	克	170%
膳食纤维	16.7	克	66.8%
钙（Ca）	1 319.8	毫克	165%
铁（Fe）	37.1	毫克	247%
锌（Zn）	13.7	毫克	88%
钠（Na）	313.1	毫克	14%

【制品特点】

圆子外表糯米蒸熟,呈半透明状,撒有青红丝点缀,很美观,质细,香甜可口。

【思考题】

① 蓑衣圆子要选用什么豆腐制作外皮?

② 蓑衣圆子还可以用其他原料作为馅心吗?

25　莲子血糯饭

【制品文化】

莲子血糯饭又称八宝饭,是江苏常熟的著名风味点心,以当地著名特产颜色殷红如血的血糯米蒸熟成饭,加猪油、白糖炒制,用莲子、蜜枣等蜜饯装饰后,撒上玫瑰或者桂花花瓣而成。糯饭紫红,莲子洁白,入口肥润香甜,且具补血功效。始于清康熙年间,民间历代相传,至今已有好几百年的历史,是节日和待客佳品,流行于全国各地,江南尤盛。

【原料】

白糯米100克,血糯米150克,莲子20克,桂圆肉20克,蜜枣50克,葡萄干20克,青梅10克,瓜条10克,豆沙馅150克,白糖75克,猪油20克。

【制作工艺】

① 将白糯米和血糯米分别淘洗干净,用清水浸泡12小时,取出冲洗沥干水分,并做好其他原料的准备工作。

② 白糯米入蒸汽箱蒸约20分钟,血糯米蒸制时间略长,米粒起黏性时即表示成熟。

③ 把蒸熟的米一起倒入盆中,加入白糖、猪油拌匀。

④ 用一个大碗,内壁涂上猪油,将莲子、桂圆肉、蜜枣等果料在碗内壁摆成鲜艳美观的形状。

⑤ 取一团熟糯米放入碗中,约一半体积,加一层按扁的豆沙馅,再将一团糯米放入碗中铺平,上锅旺火蒸透。

⑥ 将大于碗的餐盘扣在蒸好的八宝饭碗上,翻转将碗取下,浇上熬好的糖水(可适量勾芡),即可食用。

【营养成分】

莲子血糯饭营养成分表

营 养 项 目	每 份 含 量	单　位	NRV%
能量	2 057.1	千卡	86%
蛋白质	33.7	克	45%
脂肪	22.3	克	33%
碳水化合物	430.4	克	115%
膳食纤维	8.3	克	33.2%
钙(Ca)	111.1	毫克	14%
铁(Fe)	13.6	毫克	90%
锌(Zn)	6.4	毫克	42%
钠(Na)	90	毫克	4%

【制品特点 】

色泽紫红,柔糯肥润,绵甜不腻,甜中带香,吃起来别有风味。

【思考题 】

① 血糯米蒸制时间为什么要长一些?

② 莲子血糯饭风味的形成与哪些因素有关?

26 乌饭团

【制品文化】

乌饭团是皖中、皖南一带的节日食品,农历四月初八日,沿江农家都要吃乌米饭团。传说此俗源于为释迦牟尼的弟子目莲救母的故事,因目莲的母亲在十八层地狱饿鬼道受苦受难,目莲修行得道后,费尽周折,求得恩准,去地狱看望母亲,但每次备了饭菜都被沿途的饿鬼狱卒抢吃一空。目莲为了让挨饿的母亲吃上饱饭,百思不得其法,为此,经常在山上徘徊。有一天(其时为农历四月初八),目莲在无奈、烦躁之中,不经意地在山上随手摘下身边矮树上的叶子,放入嘴中

无聊地咀嚼,发现这种树叶香润可口,叶汁乌黑。目莲心想,如果用这种树叶汁浸米,烧成乌黑的米饭给母亲送去,就不会遭饿鬼狱卒抢吃。于是,目莲就将采摘的树叶拿回家捣碎,用叶汁浸米,蒸煮成乌饭后,再给母亲送去。果然,饿鬼狱卒们不再争抢,而目莲的母亲总算吃上了饱饭。目莲也最终救母脱离饿鬼道。为了褒扬目莲的一片孝心,人们年年吃乌饭,纪念目莲这位孝子。又据《本草纲目》记载:乌药叶属樟科类植物,性温和,味微苦,叶气香,可入药,有上理脾胃元气,下通少阴肾经的作用。

【原料】

糯米3 500克,粳米1 500克,猪瘦肉500克,鸭肉750克,酱油25克,味精5克,干淀粉200克,豆腐1 000克,乌棕树叶5 000克,葱末50克,姜末25克,菜籽油2 000克(约耗200克)。

【制作工艺】

① 将乌棕树叶捣碎,放入缸内,加入清水5 000克,浸泡24小时,见水质呈深黄色时,用纱布滤出乌叶水备用。取糯米1 500克淘洗干净,放在盆内,加乌叶水淹没米3厘米,浸泡12小时,待米粒呈灰墨色时捞出,沥干备用。

② 剩余的粳米、糯米,一起淘净晾干,磨成细粉,过筛后用适量开水烫面,晾凉后揉成面团。

③ 将豆腐片成1厘米厚的薄片,下油锅炸成金黄色浮起捞出,切成黄豆粒大的丁。猪肉、鸭肉切成豆腐丁大小。铁锅放在旺火上,放入菜籽油75克,烧热后放入豆腐丁、肉丁、鸭肉丁炒熟,加入酱油、葱末、姜末和水烧开,加味精用淀粉水勾芡,呈糊状盛起成馅心。

④ 将面团搓成长条,揪成每个重35克的面剂,用手按成面皮,包入馅心,收口捏紧,做成圆球状,放在泡过的乌米中滚黏上一层乌米,上笼蒸10分钟左右取出即成。

【营养成分】

乌饭团营养成分表

营 养 项 目	每 份 含 量	单 位	NRV%
能量	21 971.8	千卡	913%
蛋白质	726.1	克	968%

营养项目	每份含量	单位	NRV%
脂肪	322.6	克	481%
碳水化合物	4 041	克	1 080%
膳食纤维	35.8	克	143.2%
钙（Ca）	2 463.5	毫克	308%
铁（Fe）	137.7	毫克	918%
锌（Zn）	95.1	毫克	614%
钠（Na）	2 819.4	毫克	128%

【制品特点】

色乌黑油亮,有微清香,味鲜美。

【思考题】

① 乌饭黑色形成的原理是什么?

② 如何调制乌饭团的面皮利于包制成形?

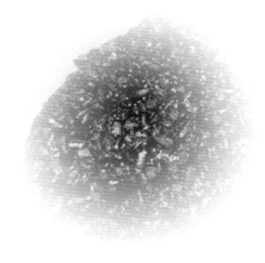

27 笼糊

【原料】

糯米粉4 500克,粳米粉500克,猪五花肉500克,酱豆干500克,金针菜200克,干木耳50克,葱末50克,酱油100克,芝麻油75克,熟猪油125克,精盐50克,味精1.5克,猪骨头汤1 000克。

【制作工艺】

① 将木耳、金针菜泡发洗净,木耳切成丝,金针菜切成小段。猪肉、酱豆干均切成小碎丁。

② 将炒锅放在中火上,放入熟猪油50克,烧至七成热时将猪肉丁用湿淀粉50克拌匀,下锅炒熟,加入酱油、骨头汤、木耳、金针菜,酱豆干和精盐烧开,放味精,用湿淀粉150克加水调稀,淋入锅中,边淋边搅动,见微开,再淋入熟猪油、芝麻油,撒上葱末,盛起即成馅心。

③ 将铁锅放在旺火上,倒入水750克,烧开,放粳米粉搅拌成面糊,再分三次倒入开水3 000克,继续搅拌成熟。将糯米粉放在案板上,扒凹坑,把面糊盛放在糯米粉内,拌匀揉透,搓成条,揪成每个重70克的剂子,按成圆饼形,包入馅心40克,捏成腰鼓形,即成笼糊生坯。

④ 将笼糊生坯上笼,用旺火蒸约2分钟至熟,取出即成。

【营养成分】

笼糊营养成分表

营养项目	每份含量	单 位	NRV%
能量	20 941.3	千卡	870%
蛋白质	547.5	克	730%
脂肪	357.3	克	533%
碳水化合物	3 883.9	克	1 038%
膳食纤维	59.8	克	239.2%
钙(Ca)	1 332.2	毫克	167%
铁(Fe)	124.1	毫克	827%
锌(Zn)	80	毫克	516%
钠(Na)	26 428.9	毫克	1201%

【制品特点】

外皮软黏,馅心鲜嫩,味美可口。

【思考题】

① 笼糊的馅心要制成怎样的质感?

② 影响笼糊形状美观的因素有哪些?

28 油堆

【制品文化】

油堆是一种比较古老传统的制作方法,流行于安徽地区,使用的煎制方法成熟,是炸制油堆的雏形,适合于大量制作,也不用糖调味,适用人群广,符合当前人们的养生理念。

【原料】

糯米粉2 000克,粳米粉500克,精盐100克,味精5克,鸡汤500克,色拉油2 500克(约耗500克)。

【制作工艺】

① 将糯米粉与粳米粉拌和成镶粉备用。

② 取镶粉1 250克,摊放在案板上。另用大锅一只,放在炉火上,倒入鸡汤,加精盐、味精和清水750克,烧开后再加入镶粉1 250克,用锅铲搅拌均匀,盛起放在案板米粉上,拌匀揉透,搓成长条,用手均匀地按扁,切成100个方块(形似酱豆干),即成油堆生坯。

③ 将铁锅放在旺火上,倒入色拉油烧至七成热时,将油堆生坯下锅,边炸边氽,待成淡黄色时,捞起即成。

【营养成分】

油堆营养成分表

营 养 项 目	每 份 含 量	单　　位	NRV%
能量	13 240.2	千卡	551%
蛋白质	225	克	300%
脂肪	533	克	796%
碳水化合物	1 885.8	克	504%
膳食纤维	14	克	56%
钙(Ca)	387.2	毫克	48%
铁(Fe)	30.7	毫克	204%
锌(Zn)	30.5	毫克	197%
钠(Na)	5 676.6	毫克	258%

【制品特点】

外脆,内里绵软,味鲜咸。

【思考题】

① 这种油堆与常见的空心油堆在配料上有什么区别?

② 请总结这种油堆的优缺点。

【制品文化】

"示灯粑粑"是安徽肥东颇负有盛名的传统小吃,距今已有近千年的历史。直到今天,每当春节过后,肥东的家家户户都会准备"示灯粑粑"来招待亲友。据说这项食物是传承自唐代。早在唐朝时,从农历正月十三至二月初二这段时间内,肥东一带的民间就有舞龙灯的习俗,人们以自己的舞技和表演来祈祷龙的保佑,以求得风调雨顺,五谷丰收。在当时的舞龙灯活动中,以纪念泾河老龙的活动最负盛名。许多人大老远从其他地方来参与这项活动,并带上一些小吃。由于这类小吃是在舞灯时食用的,久而久之便名为"示灯粑粑"。

【原料】

干糯米粉 500 克,腊肉 100 克,荠菜 200 克,豆腐干 200 克,虾仁 100 克,香菜 100 克,葱末 5 克,蒜末 5 克,熟猪油 40 克,香油 15 克,花生油 100 克,沸水 340 克。

【制作工艺】

① 将腊肉切成绿豆大丁,豆腐干切碎,荠菜、香菜择洗干净,用开水略烫,挤干水分切碎。炒锅放在旺火上,放入熟猪油烧至七成热时下肉丁、豆腐干,加水 100 克,烧开后放入虾仁炒匀,大火收干汤汁,盛在盘内,加葱末、蒜末、荠菜、芫荽拌匀成馅心。

② 将干糯米粉放在锅内,用小火炒至淡黄色,加入沸水拌匀,盛放在案板上,揉透,搓成条,揪成 80 克左右的面剂,把每个面剂捏成窝形,包上馅心 60 克,按成扁圆形(用芝麻油黏手)。

③ 将平锅放在中火上,倒入花生油烧热,放入饼坯,待煎至表面呈微黄色时,翻身炕至壳硬时即可起锅。

【营养成分】

示灯粑粑营养成分表

营 养 项 目	每 份 含 量	单　位	NRV%
能量	4 336.7	千卡	180%
蛋白质	144.4	克	193%
脂肪	233.9	克	349%
碳水化合物	413.5	克	111%
膳食纤维	6.6	克	26.4%
钙(Ca)	1 664	毫克	208%
铁(Fe)	32	毫克	213%

营 养 项 目	每 份 含 量	单　位	NRV%
锌（Zn）	15.2	毫克	98%
钠（Na）	5 944.5	毫克	270%

【制品特点】

饼皮香脆,馅心鲜嫩,有腊肉、荠菜、芫荽香,味美。

【思考题】

① 制作示灯粑粑的糯米粉炒制有什么作用?

② 制作馅心时,荠菜、芫荽为什么不一同炒制?

30 小绍兴鸡粥

【制品文化】

鸡粥,在我国古代是供食疗的。明代李时珍所著《本草纲目》中,就有"鸡汁粥,并治劳损"的记载。但如今上海的著名小吃鸡粥,与古代的鸡汁粥已根本不同,它是用新鲜母鸡煮制的鸡汤加大米煮成的,其味非常鲜美。上海的鸡粥,始于20世纪20年代初。那时上海的吃食摊日益增多,经营品种亦是百花齐放。开始此粥是由上海大世界和东新桥附近的吃食摊创制,供食客作为夜宵的。因鸡粥味美,同鸡粥共食的白斩鸡又嫩又鲜,故喜欢食用的顾客越来越多,在20世纪30年代就已成为上海

有名的特色小吃。当时,上海比较著名的有大世界附近的老公兴鸡粥店、云南南路的小绍兴鸡粥摊等。现在小绍兴鸡粥店已名扬全国。北京市饮食业还专程派人到沪邀请小绍兴鸡粥店师傅前往首都传技,并在前门大街老正兴菜馆作示范性展销。

【原料】

原汁鸡汤4 000克,上白粳米500克,红酱油25克,葱、姜各2克。

【制作工艺】

① 将上白粳米淘净,倒入锅内加原汁鸡汤,先用旺火煮开,再改用微火煮到粥汤稠浓时即成。

② 食用时,加熬熟的红酱油汁1汤匙,并根据食者需要,撒上葱、姜末。

【营养成分】

小绍兴鸡粥营养成分表

营 养 项 目	每 份 含 量	单 位	NRV%
能量	2 788.3	千卡	117%
蛋白质	85.9	克	115%
脂肪	102.3	克	153%
碳水化合物	381	克	102%
膳食纤维	14.9	克	59.6%
钙(Ca)	117.1	毫克	15%
铁(Fe)	19.2	毫克	128%
锌(Zn)	9.2	毫克	59%
钠(Na)	11 509.6	毫克	523%

【制品特点】

色泽洁白,鸡粥既稠又韧,口味非常鲜美。

【思考题】

① 鸡粥的选料对鸡粥有什么影响?

② 如何控制鸡粥的口感?

第5章

面粉点心制作

教学目标

通过学习,使学生了解面粉类点心的制作工艺,了解各种代表性点心的文化内涵,掌握其制作方法。

第一节　面粉面团概述

一、面粉面团调制工艺

（一）水调面团的调制工艺

1. 冷水面团的调制工艺

（1）冷水面团的调制方法。将面粉置于面案上,在面的中间开一个凹形的窝,加入一定量的冷水,用右手慢慢地由里向外调和,双手抄拌将面粉拌成雪花状,最后双手用力揉到面团光滑有劲,质地均匀即可。

（2）冷水面团的调制要领如下。

① 正确掌握水量。要根据不同品种要求、面粉的质量、温度、空气湿度等灵活掌握加水量。

② 严格控制水温。水温必须要低于30℃，才能保证冷水面团的特性，冬季调制冷水面团可用低于30℃的微温水，夏季调制时可适量加点盐来达到冷水面团的要求。

③ 采用合适的方法调制。首先，要分次掺水，一方面便于操作，另一方面可根据第一次吸水情况掌握第二次的加水量。一般第一次掺水70%—80%，第二次掺水20%—30%，第三次适当沾水便于将面团揉光。其次，需要使劲揉搓，致密面筋网络的形成需要借助外力的作用，揉得越透，面筋吸水越充分，面团的筋性越强，面团的色泽越白，延伸性越好。

④ 适当醒面。就是将揉好的面团盖湿布静置一段时间，目的是使面团中未吸足水的粉粒有一个充分吸水的时间。这样面团就不会有白粉粒，还能使没有伸展的面筋进一步得到伸展；面筋得到松弛，延伸性增大，使面团更加滋润、柔软、光滑、富有弹性。一般醒面需15分钟左右。

2. 温水面团的调制工艺

（1）温水面团的调制方法。将面粉倒在案板上，中间扒一凹坑，加入50℃左右的温水搅拌均匀后，摊开散尽热气晾凉，最后双手用力搓成团。盖上洁净的湿布静置片刻，再揉搓至面团光滑。

（2）温水面团的调制要领如下。

① 水温、水量要准确。一方面，温水面坯因其水温的差异可分为水温偏低和水温偏高两类，它们有着不同的性质和用途，调制时要根据品种的不同要求而灵活掌握。另一方面，加水量的多少也要根据品种的要求、水温等灵活掌握，使调出的面团软硬适度。

② 应散去面团中的热气。如果热气散不净，淤积在面团内的热气不但使面团容易结皮、表面粗糙、开裂，而且易使淀粉继续膨胀糊化，面团逐渐变软、变稀，甚至黏手。

3. 热水面团的调制工艺

（1）热水面团的调制方法。将面粉放在面案上，中间开一凹形的窝，倒入相应量80℃以上的热水，用不锈钢刮板迅速拌和均匀，和成雪花状，摊开散尽热气，再洒上少量冷水揉搓成团。

（2）热水面团的调制要领如下。

① 热水要浇匀。调制过程中，要边浇水，边拌和，浇水要匀，搅拌要快，水浇完，面拌好。浇匀的目的有两点：一是使淀粉都能糊化产生黏性；二是使蛋白质变性，防止生成面筋，把面烫熟烫透，不带夹生，否则制品成熟后，里面会有白茬，表面也不光滑。

② 晾透。刚调制好的面坯很烫，要摊开放置使热气散尽。如果热气散不尽，淤在面坯中，制成的制品不但容易结皮，而且表面粗糙、易开裂。

③ 水量准确。热水面坯加水量比冷水面坯稍多点，一般是每500克面粉掺水250—350克，这是因为淀粉糊化时要吸收大量水分的缘故。

④ 揉匀。揉面时揉均匀即可，不要多揉，否则容易上劲，失去烫面的特点。

（二）膨松面团的调制工艺

1. 酵母发酵面团调制工艺

（1）酵母发酵面团的调制方法如下。

① 将活性干酵母直接掺入面粉中，面粉置案板上，中间刨一坑塘，放入白糖、清水拌和揉制成光

洁的面团使用。此类发酵操作简单便捷,适合饮食行业制作馒头、花卷类制品。

② 先调制一块稍微偏硬的水调面团,将干酵母加少许面粉、水调成糊状掺入水调面团中再揉透揉光滑。这类调制方法适合光洁度要求高的造型制品,例如比赛用的发酵作品。

(2) 酵母发酵面团的调制要领如下。

① 检查面粉及酵母的质量。面粉及酵母质量的好坏,会直接影响酵母蓬松面团调制的效果。面粉质量好,其中的蛋白质吸水能形成致密的面筋网络,使面团的持气能力加强,淀粉能水解产生足够的葡萄糖供酵母生长繁殖;反之,则影响面团的发酵。

② 控制水温及水量。水温影响面团的温度,面团的温度与面团发酵有着密切的关系,温度高发酵快,温度低则发酵慢。水量多,则面团较柔软,有利于发酵,但水量不能太多,水量太多,则面团过于稀软,其持气能力下降,不利于发酵;水量少,则面团硬不利于发酵,其发酵速度慢,发酵的时间长。因此,调制发酵面团水量要适中,既有利于面团的发酵,又能增强面团的持气能力,提高发酵面团的质量。

③ 面团揉搓上劲。面团要揉搓上劲,使蛋白质充分形成面筋网络,才能使面团保气、有光泽。

④ 酵母避免直接与糖、盐等辅料接触。酵母与糖、盐等渗透压较高的介质接触会使酵母的活性降低,不利于发酵。

2. 化学膨松面团的调制工艺

(1) 化学膨松面团的调制方法。首先将面粉放在案板上和泡打粉或者小苏打等化学膨松剂拌和均匀,扒一凹坑,加入白糖、油、蛋液等辅料,用手揉制成团。

(2) 化学膨松面团调制的要领如下。

① 正确选择化学膨松剂。要根据制品种类的要求、面团性质和化学膨松剂自身的特点,选择适当的膨松剂。例如,小苏打适用于高温烘烤的糕饼类制品,臭粉比较适于制作薄形糕饼,因其加热后气味难闻,薄形糕饼面积大、用量小,气味易挥发。

② 严格控制化学膨松剂的用量。操作时必须掌握好用量。用量多,面团苦涩;用量不足则成品不膨松,影响制品质量。一般小苏打用量为面粉重量的1%—2%;臭粉的用量为面粉重量的0.5%—1%;制油条时,矾、碱使用量为面粉的2.5%;发粉可按其性质和使用要求掌握用量。

③ 科学掌握调制方法。在溶解化学膨松剂或在调制放了化学膨松剂的面团时,应使用凉水。化学膨松剂遇热会起化学反应,分解出部分气体,使成品在成熟时不能产生膨松效果而影响质量。加入化学膨松剂的面团必须揉匀、揉透,否则成熟后成品表面就会出现黄色斑点,并影响口味。

3. 物理膨松面团的调制工艺

(1) 蛋泡面团的调制方法。将糖、蛋放入打蛋器中,先慢速搅拌至糖溶化,再加入蛋糕乳化油,面粉过筛后加入,一起在打蛋器中慢速搅拌均匀,顺一个方向先慢后快,不停地用力抽打,至发白时加水加油,至蛋泡发白发松,体积增大3倍为止。

(2) 蛋泡面团的调制要领如下。

① 鸡蛋的选用。蛋泡面团的调制必须用新鲜鸡蛋,而且是越新鲜越好,因为新鲜鸡蛋胶体稠、浓度强,含氮物质高,灰分少,能打进的气体多(抽打后能增加体积3倍以上),且能保持气体性能稳定,蛋液容易打发膨胀。

② 面粉的选择。蛋泡面团宜用粉质细腻而筋力不大的低筋粉。

③ 抽打蛋泡。抽打蛋泡是关键。鸡蛋加入盆内后(一定要保持盆内干净、无水、无油、无碱、无盐),用打蛋器顺一个方向高速抽打,打至蛋液呈干厚浓稠的泡沫状,颜色发白,能立住筷子时为止。

(三)油酥面团的调制工艺

1. 干油酥面团调制工艺

(1)干油酥面团的调制方法。将熟猪油与面粉按制品要求的比例掺和拌匀,用右手掌跟一层层地向前推擦,擦成一堆后,滚到后面,再一层层向前推擦,直到擦透为止。

(2)干油酥的调制要领如下。

① 掌握配料比例。面粉和油脂的比例一般为2∶1,当然根据具体情况会有所调整,例如冬天可以适当增加猪油用量,夏天可以适当减少。

② 合理选料。调制干油酥时,首先是一定要用凉油,否则黏结不起,制品容易脱壳。调制所用的油脂,以猪油为好。其次是正确选用面粉,调制油酥面一般用筋力较小的粉,不易形成面筋质,起酥效果较好。

③ 掌握干油酥的软硬度,擦匀擦透。干油酥的软硬应与水油面软硬度基本一致,干油酥擦透、擦顺,使其增加油滑性和黏性。猪油常温下会凝固变硬,所以使用前要再次擦透,使其回软。

2. 水油皮面调制工艺

(1)水油皮面的调制方法。将面粉倒在案板上,将油和微温水先拌匀,再加面粉进行抄拌,然后反复揉搓至光洁、有劲道的面团。

(2)水油皮面的调制要领如下。

① 正确掌握水、油的配料比例。一般情况下,面粉、水和油的比例为5∶2∶1,这个比例还应视品种要求而灵活掌握。

② 反复揉搓,使面团上劲。

③ 防干裂。揉成面团后,上面要盖一层湿布,以防开裂、结皮。

3. 起酥的方法及要领

(1)起酥的方法如下。

① 卷筒酥。水油皮面包上干油酥以后,按扁,擀成0.4厘米厚的长方形面片,叠一次3层,再擀成0.2厘米厚长方形薄片,卷成符合制品要求直径的圆长条。

② 叠酥。水油皮面包上干油酥以后,先擀成0.3厘米厚的长方形薄片,叠一次3层,再擀成0.4厚度的长方形薄片,再叠一次3层,再擀成0.5厘米厚的长方形,对折2层,擀开至0.6厘米厚度的长方形(这就是常说的3,3,2折叠起酥法),切成6厘米宽度的长条若干,将长条叠在一起,切成0.8厘米厚度的薄片就成叠酥制品的剂子。

(2)起酥的要领如下。

① 水油面与干油酥的软硬一致,比例适当。比例一般是3∶2或者4∶3,一般应根据成熟方法、品种要求确定水油面与干油酥的比例。

② 将干油酥包入水油面中,挤出皮面里的空气,酥心居中,注意水油面皮子四周厚薄均匀。

③ 擀皮起酥时,两手用力均匀向前用力。轻重适当,使皮子的厚薄一致,要灵活掌握擀、卷、叠的起酥方法,3,2折叠或者3,3,2折叠要根据制品而定。

④ 擀皮起酥时,尽量少用生粉,卷圆筒时要尽量卷紧。

⑤ 擀皮时速度要快,手脚麻利,果断用力,避免过多重复多余的动作。

⑥ 切剂时,刀要锋利,下刀利索,防止层次粘连。

二、面粉面团形成原理

（一）水调面团的形成原理

1. 水温对蛋白质、淀粉的影响

面粉中的蛋白质结构中存在着亲水基团,加水后,亲水基团将水吸附在周围,形成水化粒子,蛋白质显示出胶体性质——面筋,面筋蛋白质发生吸水胀润作用,并随着温度升高而增加,其最大胀润温度为30℃,当水温升高至60—70℃时,蛋白质开始热变性,蛋白质吸水能力和溶胀能力降低或丧失,面坯的延伸性、弹性减退,黏性稍有增强。蛋白质的热变性随着温度增强而加强。

2. 水温对淀粉的影响

淀粉不溶于冷水;在常温下基本没有变化,吸水性和膨胀性很低;水温在30℃时,淀粉只结合30%的水分,颗粒也不膨胀,大体上保持硬粒状态;水温在50℃左右时,吸水及膨胀率低,黏性度变动不大;但水温升至53℃时,淀粉的物理性质发生了明显的变化,淀粉膨胀明显;水温在65℃以上时,淀粉进入"糊化"阶段。

3. 面坯特性的形成原理

（1）冷水面坯。冷水面坯是在面坯调制过程中,用的是冷水,水温不能引起蛋白质热变性和淀粉膨胀糊化,充分发挥了面粉中蛋白质溶胀作用,形成面筋网络结构所致。从而具有质地硬实、筋力足、韧性强、拉力大的特性。

（2）温水面坯。温水面坯掺入的水的水温与蛋白质热变性和淀粉糊化温度接近,因此温水面坯本质是淀粉和蛋白质都在起作用,但其作用既不像冷水面坯,又不像热水面坯,而是介于两者之间。也就是说,蛋白质虽然接近变性,又没有完全变性,能够形成一定的网络结构,但因水温较高,面筋形成又受一定的限制,因而面坯可以形成一定的筋力,但筋力又不如冷水面坯;淀粉虽然膨胀,吸水性增强,但只是部分糊化,面坯虽较黏柔,但黏柔性又比热水面坯差,其结果自然就形成了面坯有一定韧性,又较柔软的特性。

（3）热水面坯。热水面坯与冷水面坯相反,用的是70℃以上的热水,水温既使蛋白质变性又使淀粉膨胀糊化,所以热水面坯的本质,主要是由淀粉所起的作用,即淀粉的热膨胀和糊化,大量吸水并和水溶合成面坯。同时,淀粉糊化后黏度增强,因此热水面坯变得黏柔并略带甜味。蛋白质变性后,面筋胶体被破坏,无法形成面筋网络结构,又形成了热水面坯筋力小、韧性差的另一个特性。

（二）膨松面团的形成原理

1. 酵母膨松面团形成原理

面团中引入酵母菌,酵母菌即可得到面团中淀粉在淀粉酶作用下分解的葡萄糖作为养分,在适宜的温度下,迅速繁殖增生,它们体内分泌出一种复杂的有机化合物——酶(又称酵素),它能促使单糖分子分解为乙醇和二氧化碳,同时产生热量。酵母菌不断繁殖并分泌酶,二氧化碳随之大量生成,并被面团中面筋网络包住不能逸出,从而使面团出现了蜂窝组织,变得膨松柔软,并产生酸味和酒香味,这就是酵母发酵的过程。这个过程主要有以下环节。

（1）淀粉酶的分解作用。面粉掺水调制成面团后,面粉中淀粉所含的淀粉酶在适当的条件下,活性增强,先把部分淀粉分解成麦芽糖,进而分解成葡萄糖(单糖),为酵母的繁殖和分泌"酵素"提供了养分。如果没有淀粉酶的作用,淀粉不能分解为单糖,酵母是不会繁殖和发酵的。淀粉酶的分解作用,是酵母发酵的重要条件。

（2）酵母繁殖和分泌"酵素"。酵母在面团中获得养分后,就大量繁殖和分泌"酵素"。它们基本上是同时进行的,但因面团内气体成分和含量不同,生化变化也不相同,一方面是酵母菌在有氧条件下(即面团刚刚和成,面团内吸收了大量的氧气),利用淀粉水解所产生的葡萄糖进行繁殖,产生大量的二氧化碳,随着发酵作用的继续进行,二氧化碳数量亦逐步增加,使面团膨胀体积愈发愈大;另一方面是酵母菌在繁殖过程中分泌出更多的酶,随着酵母菌的呼吸作用,二氧化碳逐渐增多,氧气减少,在缺氧的条件下酒精发酵,产生二氧化碳、乙醇和少量热量。这个过程也就是静置发酵的过程。

（3）杂菌繁殖和酸味的产生。利用酵母(包括鲜、干酵母)发酵,因是纯菌,发酵力大,发酵时间短,杂菌不容易繁殖,所以一般不产生酸味。但如果用面肥发酵,面肥内除酵母菌外,还含有杂菌(醋酸菌等),在发酵过程中,杂菌也随之繁殖和分泌氧化酶,把酵母发酵生成的酒精分解为醋酸和水。发酵时间越长,杂菌繁殖越多,氧化酶的作用越大,面团内的酸味就越重。这就是面肥发酵出现酸味的道理。

2. 化学膨松面团形成原理

化学膨松是利用某些食用化学膨松剂在面团调制和加热时产生的化学反应来实现面团膨松目的。面团内掺入化学膨松剂调制后,在加热成熟时受热分解,可以产生大量的气体,这些气体和酵母产生的气体的作用是一样的,也可使成品内部结构形成均匀的多孔性组织,达到膨大、酥松的要求。

3. 物理膨松面团形成原理

物理膨松的基本原理是以充气方法,使空气存在于面团中,通过充气和加热,使面团体积膨大、组织疏松。用作膨松充气的原料必须是胶状物质或黏稠物,具有包含气体并不使之逃散的特性,常用的有鸡蛋和油脂。以鸡蛋制品为例,鸡蛋的蛋白有良好的起泡性能,通过一个方向的高速抽打,一方面打进许多空气,另一方面使蛋白质发生变化,其中球蛋白的表面张力被破坏,从而增加了球蛋白的黏度,有利于打入的空气形成泡沫并被保持在内部。由于不断抽打,黏蛋白和其他蛋白会发生局部变形,凝结成蛋白薄膜,将打入的空气包裹起来。因蛋白胶体具有黏性,空气被稳定地保持在蛋泡内,当受热后,空气膨胀,因而制品疏松多孔,柔软而有弹性。

（三）油酥面团的形成原理

1. 油酥面团的成团原理

主要是因为在调制面团时用了一定量的油脂。油脂是一种胶体物质,具有一定的黏性和表面张力,当油渗入面粉内,面粉颗粒被油脂包围,黏结在一起,因油脂的表面张力强,不易化开,所以油和面粉黏结只靠油脂微弱黏性维持,故不太紧密(比面粉与水结合松散得多),但经过反复揉擦,扩大了油脂颗粒与面粉颗粒的接触面,充分增强了油脂的黏性,使其粘连逐渐成为面团。

2. 油酥面团酥松的原理

（1）面粉颗粒被油脂颗粒包围、隔开,面粉颗粒之间的距离扩大,空隙中充满了空气。这些空气受热膨胀,使成品酥松。

（2）面粉颗粒吸不到水，不能膨润，在加热时更容易"炭化"变脆。

（3）酥皮面团的起酥原理则是在调制干油酥时，面粉颗粒被油脂包围，面粉中的蛋白质、淀粉被间隔，不能形成网状结构，质地松散，不易成形。调制水油面时，由于加水调制使其形成了部分面筋网，整个面团质地柔软，有筋力，延伸性强。这两种面团合在一起，形成一层皮面（水油面），一层油酥面（干油酥）。干油酥被水油面间隔，当制品生坯受热时，水分汽化，使层次中有一定空隙。同时，油脂受热也不粘连，便形成非常清晰的层次。这就是起酥的基本原理。

第二节 面粉面团制品实例

31 吴山酥油饼

【制品文化】

吴山酥油饼历史悠久,五代十国末期,赵匡胤与南唐刘仁赡在安徽寿县交战时,当地百姓用栗子面做成油酥饼支援赵军。后来赵匡胤当了皇帝,经常让御厨制作此饼,高宗时迁都临安(今杭州),也常食用此饼,以后由御厨传到民间。人们在吴山风景点仿照此饼改用面粉起酥制作吴山酥油饼,流传至今,号称"吴山第一点"。其色泽金黄,层酥叠起,上尖下圆,形似金山,覆以细绵白糖,脆而不碎,油而不腻,香甜味美,入口即酥。

【原料】

面粉250克,花生油1 500克(实耗150克),绵白糖100克,糖桂花10克,糖玫瑰10克。

【制作工艺】

① 将面粉100克加花生油45克调和拌匀,揉成干油酥面团,下剂10个。

② 再将面粉150克加温水40克,搅拌搓散成雪花状,冷却后洒冷水10克,加油15克,揉成光洁、柔软的水油皮面,下剂10个。

③ 将水油面剂子裹入油酥面剂子,压扁擀成带状长片,这样反复擀开折叠三次擀开,从一头卷起成圆筒形,最后横放后从中间对剖成2只圆形的饼坯,将饼坯的刀纹面朝上,用擀面杖自中心向四周擀开成碗形圆饼,并用手指的弯节部位轻轻推挤无切口的一面,使有节口的一面慢慢地隆起,最后成半球形生坯。其余面剂按相同办法制完。

④ 将饼坯投入锅中油炸(120℃),切口的一面朝下炸至浅金黄色,沥开油,起锅后撒上绵白糖、糖桂花、糖玫瑰。

【营养成分】

吴山酥油饼营养成分表

营养项目	每份含量	单 位	NRV%
能量	2 629.7	千卡	110%
蛋白质	39.4	克	52%

营 养 项 目	每 份 含 量	单 位	NRV%
脂肪	156.1	克	233%
碳水化合物	266.8	克	71%
膳食纤维	9.2	克	36.8%
钙（Ca）	101.5	毫克	13%
铁（Fe）	6	毫克	40%
锌（Zn）	1.3	毫克	8%
钠（Na）	15	毫克	1%

【制品特点】

色泽金黄,层酥叠起,层次清晰,油而不腻。

【思考题】

① 吴山酥油饼调制水油面时为什么要用温水?

② 吴山酥油饼能否改用其他油制作?

32 幸福双

【制品文化】

"幸福双"是杭州家喻户晓的一道名点。它的创制受到民间故事"梁山伯与祝英台"的启发。据传,梁山伯带着书童到杭州求学,路过草桥门时,在柳荫下休憩,遇见女扮男装的祝英台。两人一见如故当场撮土为香,结拜兄弟,之后"游学武林,同窗三载"。在万松书院的朝夕相处中,祝英台爱上了诚实憨厚的梁山伯,但直到祝英台接到家书离杭,梁山伯都没有丝毫察觉,直至师母点破,才恍然大悟。当他手拿祝英台留书赶赴祝家庄求婚时,已为时太晚。原来,祝英台的父亲已将她

许配给了当地一位有钱有势的马家少爷。忠厚的梁山伯悔恨而死,祝英台则拒婚殉情。最终,一对青年男女化作双蝶,形影不离。杭州的厨师有感于这个爱情故事,制成豆沙馅心的"幸福双",以示纪念。赤豆假借"红豆",取"红豆生南国……此物最相思"之意。馅中还配有核桃肉、蜜枣、红瓜、青梅、葡萄干、松仁和糖桂花等组合而成的"百果"。幸福双成双配对供应,两只一客,从而进一步突出了它的祝福之意。幸福双饱含着人们对真挚感情的美好寄托,寓意天下的有情人心心相印,百年好合,白头偕老。

【原料】

① 坯料:面粉200克,小苏打10克,微温水100克,老酵面100克。

② 馅料:猪板油50克,蜜枣15克,红瓜15克,核桃肉15克,青梅15克,葡萄干10克,松子仁10克,白糖200克,糖桂花10克,猪板油50克。

【制作工艺】

① 将猪板油切丁,与白糖拌成糖板油;另将蜜枣、红瓜、核桃肉、青梅均切成小丁,加上葡萄干、松子仁、白糖、糖桂花拌匀成百果馅料。

② 面粉加水拌匀,加酵面、小苏打,充分揉匀揉透。

③ 面团摘成剂子15个,擀成8厘米直径的皮子,包百果馅料,收口捏拢,放入模具中压制幸福双的生坯。

④ 醒发后放入锅中用大火蒸6分钟即成。

【营养成分】

幸福双营养成分表

营 养 项 目	每 份 含 量	单　　位	NRV%
能量	1 718.2	千卡	72%
蛋白质	81.8	克	109%

营 养 项 目	每 份 含 量	单 位	NRV%
脂肪	60.2	克	90%
碳水化合物	212.3	克	57%
膳食纤维	17.4	克	69.6%
钙（Ca）	188.8	毫克	24%
铁（Fe）	22.5	毫克	150%
锌（Zn）	1.4	毫克	9%
钠（Na）	81	毫克	4%

【制品特点】

色白绵软,油润多馅,形态美观,香甜可口。

【思考题】

① 幸福双为什么要选用模具成型?

② 用模具成型如何保证成形质量?

33 淮饺

【制品文化】

淮饺,俗称"小馄饨",是江苏淮安最具代表性的点心之一。淮饺可煮、可拌、可炸,三种成熟方法合称"淮饺三吃"。饺皮特点是"薄如纸,明如镜,隔着饺皮能看字,火一点就着"。该点流传广,影响大,是真正的百姓喜爱的家常小吃,早在清代的扬州饮食市场上,以小东门外的品陆轩经营的淮饺著名,业内以其发源地淮安为名,故而名曰"淮饺"。

【原料】

① 坯料:面粉200克,陈村枧水2毫升,冷水80毫升。

② 馅料:猪后臀肉泥100克,葱末5克,姜末5克,黄酒10毫升,精盐5克,酱油10毫升,芝麻油5毫升,味精3克,韭黄25克,冷水30毫升。

③ 汤料:皮骨汤100毫升,熟猪油5克,酱油10毫升,味精2克,芝麻油2毫升,白胡椒粉1克,青蒜末6克。

【制作工艺】

① 将猪肉泥放入盆中加入葱、姜末、黄酒、酱油、盐搅匀,再分数次倒入冷水搅上劲,加入芝麻油、味精拌匀,最后拌入韭末。

② 将面粉放入面盆中,加枧水、冷水拌成雪花状,揉至光滑面团,稍醒制。

③ 将面团揉光,用面杖来回碾压,擀至面皮薄而均匀(放在掌上能见掌纹),切成6厘米见方的面皮40张,左手拿一叠馄饨皮,右手用馅挑将馅心放在皮中心,再用馅挑另一头将方形皮的一角沿对角线折叠向另一角成三角形,左手将三角捏拢即成生坯。

④ 把皮骨汤烧沸后分装于加入熟猪油、酱油的两只碗中。将锅中水烧沸后倒入馄饨生坯,用勺轻轻推动以防粘连,水再沸时点水,再沸时用漏勺捞起装碗,每碗盛20只。再加入芝麻油、白胡椒粉、青蒜末即成。

【营养成分】

淮饺营养成分表

营养项目	每份含量	单位	NRV%
能量	1 027.6	千卡	43%
蛋白质	56.6	克	75%
脂肪	24	克	36%
碳水化合物	146.3	克	39%
膳食纤维	8.8	克	35.2%

营养项目	每份含量	单 位	NRV%
钙（Ca）	94.4	毫克	12%
铁（Fe）	7.4	毫克	50%
锌（Zn）	3.2	毫克	20%
钠（Na）	2 966.3	毫克	135%

【制品特点】

皮薄如纸，馅细无渣，入口爽滑味美。

【思考题】

① 如何调制面团才能保证淮饺的皮子能擀得很薄？

② 调制淮饺馅心时为什么最后才拌入韭末？

34　三丁包子

【制品文化】

相传乾隆皇帝下江南时,扬州准备了五丁包子,其馅心为海参丁、鸡丁、肉丁、冬笋丁、虾仁,乾隆品尝后十分高兴地说:"扬州包子,名不虚传。"后因考虑到老百姓的消费水平,将五丁包改为三丁包,馅心采用鸡丁、肉丁、笋丁,并以虾汁鸡汤加调味品烩制而成,味道依然鲜美,深受各界人士欢迎。三丁包是扬州的名点,以面粉发酵和馅心精细取胜。清人袁枚在《随园食单》中云:"扬州发酵面最佳,手捺之不盈半寸,放松仍隆然而高。"发酵所用面粉"洁白如雪",所发面酵软而带韧,食不黏牙。富春茶社一直保持这种发酵的传统特色。

【原料】

① 皮料:中筋面粉500克,干酵母7.5克,泡打粉7.5克,白糖25克,温水275毫升。

② 馅料:猪肋条肉300克,鸡脯肉150克,鲜笋尖150克,高汤750克,香葱20克,生姜20克,生粉10克,黄酒30毫升,虾子5克,白糖25克,熟猪油50克,酱油25毫升。

【制作工艺】

① 将猪肋条肉、鸡脯肉洗净焯水,加入高汤、葱、姜、酒将肉煨至七成熟,改刀成0.7厘米见方的肉丁和0.8厘米见方的鸡丁;将鲜笋尖焯水改刀成0.5厘米见方的笋丁。炒锅上火,放入熟猪油、葱姜末煸香,放入三丁煸炒,再放入黄酒、虾子、酱油、白糖,加进适量鸡汤、肉汤,用大火煮沸,中小火煮至上色、入味、收汤,勾芡后装入盘中晾凉备用。

② 将面粉放在案板上与泡打粉拌匀,中间扒一塘,放入干酵母、白糖,再放入微温水调成面团,揉匀揉透。用干净湿布盖好醒发15分钟。

③ 将发好的面团揉匀揉光,搓成长条,摘成40只面剂,用掌跟按扁,擀成8厘米直径中间厚、周边薄的圆皮。托皮上馅,用右手拇指和食指捏住包皮边缘,自右向左依次捏出28个皱褶,同时用右手的中指紧顶住拇指的边缘,让起过皱褶以后的包皮边缘从中间通过,夹出一道包子的"嘴边"。每次捏褶子时,拇指与食指略微向外拉一拉,以使包子最后形成"颈颈",最后收口成"鲫鱼嘴",用右手三指将其捏拢即成生坯,放入刷过油的蒸笼中,醒发20分钟。

④ 将生坯入笼蒸8分钟,待皮子不黏手、有光泽、按一下能弹回即可出笼,装盘。

【营养成分】

三丁包子营养成分表

营 养 项 目	每 份 含 量	单 位	NRV%
能量	4 222.4	千卡	176%
蛋白质	145.7	克	194%
脂肪	228.4	克	341%
碳水化合物	396	克	106%
膳食纤维	22.3	克	89.2%
钙（Ca）	317.6	毫克	40%
铁（Fe）	28	毫克	187%
锌（Zn）	8	毫克	51%
钠（Na）	2 145.5	毫克	98%

【制品特点】

馅心软硬相应,咸中带甜,甜中有脆,油而不腻,包子造型美观。

【思考题】

① 三丁包子的三丁为什么要不一样大小?

② 三丁包子的馅心换成生馅好不好,为什么?

35 千层油糕

【制品文化】

据传,扬州千层油糕系清人高乃超首创于清朝光绪年间,距今已有近百年历史。当时,扬州可可居名厨高乃超在前人制糕的基础上,根据发酵的原理,首创了千层油糕,制成的糕呈菱形方块,芙蓉色,半透明,整块油糕共分64层,层层糖油相间,糕面布以红绿丝,观之清新悦目,食之绵软嫩甜。1983年,扬州特一级点心师董德安以此参加全国烹饪大赛,技惊四座,获全国最佳点心师称号。

【原料】

面粉450克,酵面75克,绵白糖225克,熟猪油100克,猪肥膘125克,桂花5克,糖冬瓜20克,玫瑰花5克,瓜子仁10克,食用碱3克,发粉3克。

【制作工艺】

① 面粉置于案上,开成凹窝形,窝内加入撕碎的酵面及清水200克,调制成面团,静置发酵。

② 将猪肥膘放入清水锅中,煮制八成熟时捞出,用刀剁成细末,然后再用清水漂清,沥去水分后待用。

③ 待面团稍发起成嫩酵面团时,勾兑适量碱液,并加入白糖200克揉透,稍醒片刻。将醒好的面团,用擀棍擀成宽60厘米、厚1厘米的长方形皮子。

④ 先在擀好皮子的中间部分(占面积的三分之一)抹上熟猪油、覆上肥膘末、铺上一层白糖,再撒些糖冬瓜,然后将左边皮子(也占三分之一面积)折起,盖在有馅的中间部分的上面;再依次抹上熟猪油、覆上肥膘末、铺上一层白糖,撒上糖冬瓜末;把右边皮子(同样三分之一)折起盖上,擀成原来大小。仍在中间部分抹上熟猪油,覆上肥膘末,铺上一层白糖、糖冬瓜等,如此反复折叠成18层(至少也需8—12层),并保证每层上都有馅料。叠制最后时,用手揿成3.3厘米厚的方块,表面再撒些玫瑰花、桂花、瓜子仁等,即成生坯。

⑤ 将生坯放入蒸笼内,用旺火蒸约45分钟后,取出冷却后切成菱形块装盘即可。

【营养成分】

千层油糕营养成分表

营 养 项 目	每 份 含 量	单 　 位	NRV%
能量	4 662.2	千卡	194%
蛋白质	111.5	克	149%
脂肪	217.3	克	324%
碳水化合物	565.1	克	151%

营 养 项 目	每 份 含 量	单 位	NRV%
膳食纤维	23.1	克	92.4%
钙（Ca）	250.8	毫克	31%
铁（Fe）	20.5	毫克	136%
锌（Zn）	2.8	毫克	18%
钠（Na）	182.1	毫克	8%

【制品特点】

层次分明,酥软可口。

【思考题】

① 千层油糕为什么使用熟猪油?

② 千层油糕为什么使用嫩酵面? 使用全发面行不行?

36 南翔小笼包

【制品文化】

南翔小笼包首创于上海南翔镇而得名,迄今已有百年历史,据清《嘉定县续志》中记载:"馒头有紧酵、松酵两种:紧酵以清水和面为之,皮薄馅多。南翔制者最著,他处多仿之,号为翔式。小者以汤佐之,曰汤包;松酵以白酒淬或碱水溲面起酵蒸之,或作荷叶形,包肉以啖,皆宜即食,故曰出笼馒头。"现为上海城隍庙的著名风味点心。

【原料】

① 坯料:中筋面粉250克,清水115毫升。

② 馅料:猪夹心肉末250克,香葱5克,姜末5克,黄酒10毫升,精盐7.5克,白酱油20毫升,糖10克,麻油5毫升,味精5克,冷水65毫升,肉皮冻75克。

③ 皮冻:猪鲜肉皮350克、鸡腿200克、猪骨300克、香葱10克、生姜10克、黄酒20毫升、虾子2克、精盐5克、鸡精5克、清水1升。

【制作工艺】

① 将猪肉皮焯水铲去毛污,反复三遍后,入水锅,放入葱、姜、酒、虾子以及焯过水的鸡腿、猪骨等,大火烧开,小火加热至肉皮一捏即碎,取出熟肉皮及鸡、骨等,肉皮入绞肉机绞三遍后返回原汤中,再小火熬至黏稠,放入盐、鸡精等调好味,过滤去渣,冷却成皮冻。

② 将肉皮冻绞碎;猪夹心肉末放入馅盆中,加葱花、姜末、黄酒、精盐、白酱油搅匀,再分次加入冷水搅打上劲,最后加入白糖、味精、皮冻粒、芝麻油拌匀即成馅。

③ 取面粉与冷水和匀,揉成光滑的面团,醒制。

④ 将案板刷油,将面团置于案板上揉匀搓条,下成40只小面剂,用手按成中间稍厚的圆形面皮,包入馅心,捏褶成18条花纹的包坯即成。

⑤ 取23厘米直径的小笼,刷油后放入15只小笼包,蒸6分钟即成,装盘。

【营养成分】

南翔小笼营养成分表

营 养 项 目	每 份 含 量	单 位	NRV%
能量	1 838.1	千卡	77%
蛋白质	65.9	克	88%
脂肪	93.3	克	139%
碳水化合物	183.7	克	49%
膳食纤维	9.5	克	38%
钙(Ca)	119.2	毫克	15%
铁(Fe)	6.1	毫克	41%

营 养 项 目	每 份 含 量	单 位	NRV%
锌（Zn）	2.6	毫克	17%
钠（Na）	5 595.9	毫克	254%

【制品特点】

褶皱清晰,皮薄透明,筋道爽滑,汁多味美。

【思考题】

① 南翔小笼包与天津汤包有什么不同?

② 南翔小笼包的皮冻对制品有什么影响?

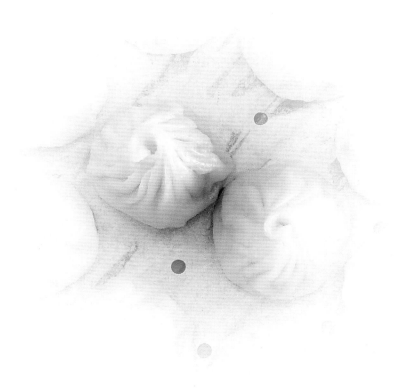

37 萝卜丝酥饼

【制品文化】

萝卜丝饼是很传统的中式面点,距今已有60多年历史。它是水油面酥点中的明酥制品,皮采用卷筒酥中直酥的起酥方法形成酥皮,包上萝卜丝馅,呈蚕茧形,既可作为大众小吃,又可作为筵席点心。萝卜丝点心的做法很多,但要数上海老城隍庙的萝卜丝酥饼较为有名,饼炸成之后,酥层外露,层次分明,饱满挺括;轻轻一咬,酥松欲碎;馅心清脆爽口,味浓而不腻,深受中外食者的欢迎。

【原料】

面粉500克,猪板油丁100克,白萝卜丝500克,熟火腿末100克,葱油50克,精盐10克,味精5克,芝麻油15克,熟猪油1 000克(实耗250克)

【制作工艺】

① 取面粉300克,加入60克熟猪油、120克清水和成水油皮面。

② 用面粉200克加入100克熟猪油擦成干油酥。

③ 将萝卜丝用盐腌后挤去水分加入板油丁、熟火腿末、味精、芝麻油、葱油拌和。

④ 将水油面剂子裹入油酥面剂子,压扁擀成带状长片,这样反复擀开折叠三次擀开,从一头卷起成圆筒形,最后横放后从中间对剖成2条,再切剂36只,将饼坯的刀纹面朝上,擀制成7厘米的坯皮,包入馅心20克,收口制成饼状。

⑥ 饼坯放入油锅中炸至两面金黄成熟出锅即可。也可放入烤箱(200℃)烤10分钟即成。

【营养成分】

萝卜丝酥饼营养成分表

营养项目	每份含量	单 位	NRV%
能量	5 648.7	千卡	235%
蛋白质	100.7	克	134%
脂肪	410.3	克	612%
碳水化合物	388.3	克	104%
膳食纤维	25.1	克	100.4%
钙(Ca)	177.8	毫克	22%
铁(Fe)	14.1	毫克	94%
锌(Zn)	8.8	毫克	57%
钠(Na)	5 188	毫克	236%

【制品特点】

金黄酥脆,馅料鲜美。

【思考题】

① 萝卜丝为什么要用盐腌后挤去水分?

② 制作萝卜丝酥饼所用的调味品对馅心的风味有什么影响?

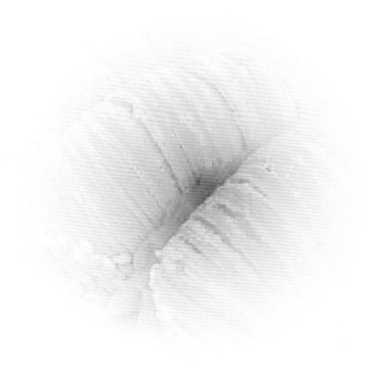

38 徽州饼

【制品文化】

徽州,今安徽省黄山市、绩溪县及江西婺源县,自东汉设新都郡、新安郡、歙州等,宋徽宗宣和三年(1121年),改歙州为徽州。徽州饼是安徽徽州地区的传统点心,原名为枣泥酥馃。光绪年间有一徽州饮食经营者在扬州制作此面饼出售,颇受食者欢迎,故当地人称之"徽州饼"。徽州饼的特点是色泽金黄,酥香甜润,非常受食客欢迎。

【原料】

面粉550克,红枣500克,白糖150克,猪油100克,花生油50克。

【制作工艺】

① 选用上等红枣放入盆内,用清水泡涨,洗净,入笼蒸1小时左右取出,在铜丝罗筛内擦成泥状,除去皮和核。

② 锅内放入芝麻油和白糖溶化,加入枣泥,用小火炒至稠糊、能挂在锅铲上时,盛起晾凉即成枣泥馅料。

③ 案板上加面粉50克、熟猪油25克拌匀,擦成油酥面。剩余的面粉先用200克开水烫面,搓成雪花状,冷却后再加入冷水100克,反复搓揉上劲,成油酥皮面,盖上湿布略醒。

④ 将油酥皮面揉开,拉成长条,抹上油酥面,卷起搓成长条,摘成22个面剂,逐个按成圆面皮,每个包入枣泥馅料25克,收口捏紧,口向下,用小擀面杖轻轻擀成直径约6.5厘米的圆饼,即成饼生坯。

⑤ 平底锅烧热,刷上花生油,将生坯放入锅内,待一面煎至微黄色时,翻身煎另一面。如此反复4次,煎至两面呈平透明状时,即可出锅。

【营养成分】

徽州酥营养成分表

营 养 项 目	每 份 含 量	单 位	NRV%
能量	5 311.4	千卡	221%
蛋白质	91.2	克	122%
脂肪	152.2	克	227%
碳水化合物	894.2	克	239%
膳食纤维	25.5	克	102%
钙(Ca)	290	毫克	36%
铁(Fe)	13.8	毫克	92%

营 养 项 目	每 份 含 量	单 位	NRV%
锌（Zn）	2.1	毫克	14%
钠（Na）	2 623.2	毫克	119%

【制品特点】

扁圆形,色泽金黄,酥香甜润。

【思考题】

① 徽州饼为什么要用热水调制面团?

② 红枣用蒸制方法成熟有什么好处?

【制品文化】

生煎馒头是淮扬面点中的传统点心,原为茶楼兼营品种,馅心以鲜猪肉加皮冻为主。20世纪30年代后,上海饮食业有了生煎馒头的专业店,馅心花色也增加了鸡肉、虾仁等多种品种,因此生煎馒头成了上海代表性的地方特色小吃。

【原料】

面粉150克,猪肉馅125克,酵母3克,葱末10克,姜末10克,白麻油20克,花生油200克。

【制作工艺】

① 将沸水30克冲入面粉中,拌和成雪花状。鲜酵母3克用温水调开,倒入面粉中拌和揉透,盖上湿布,静置1小时待用。

② 酵面发好之后,搓成长条,摘成20只面剂,将面剂逐只按扁,擀成圆皮,包入馅心15克,捏成18条花纹,收口处沾芝麻或者葱花,即成生坯。

④ 将平底锅烧热,倒入花生油,油热后将馒头生坯放入锅内,在馒头上刷些油,将锅盖上盖,约煎两分钟后揭开盖,沿锅边浇入清水,盖上锅盖,不断将锅转动,使其受热均匀,约6分钟,见锅内热气冲出香气扑鼻时,揭开锅盖,将馒头铲起,见底部呈金黄色时,即可出锅装盘。

【营养成分】

生煎馒头营养成分表

营 养 项 目	每 份 含 量	单 位	NRV%
能量	3 013.2	千卡	126%
蛋白质	47.2	克	63%
脂肪	265.6	克	396%
碳水化合物	108.5	克	29%
膳食纤维	7.7	克	30.8%
钙(Ca)	230	毫克	29%
铁(Fe)	22.3	毫克	149%
锌(Zn)	3.3	毫克	21%
钠(Na)	843.3	毫克	38%

【制品特点】

底部金黄,口感香脆,皮薄肉嫩,馅汁充足。

【思考题】

① 生煎馒头调制面团时加入沸水有什么作用?

② 如何才能准确判断生煎馒头的火候?

40　合子酥

【制品文化】

合子酥是江苏苏州风味名点。因其形似铜钱，故又叫金钱合子，亦称枣泥卷盒。此点早在1906年已在苏州出名。

【原料】

面粉500克，枣泥馅心300克，白糖150克，猪油160克，花生油1 500克（实耗50克）。

【制作工艺】

① 取面粉300克，加入60克熟猪油、120克清水和成水油皮面。

② 用面粉200克加入100克熟猪油擦成干油酥。

③ 用水油皮面包干油酥，按扁，擀成0.5厘米厚的长方形面片，折成3层，再擀成0.3厘米厚的长方形薄片，对折，再次擀成0.2厘米厚的窄长方形薄片（即3，2折叠起酥）。将酥皮卷成圆筒形，切成40片0.5厘米厚度的面剂。

④ 刀口截面向上，用擀面杖擀成直径约5厘米和6厘米直径的两种圆形坯皮，大的一块反过来放入约15克的馅心。将略小的一块合上，四周比齐捏紧，反过来推捏出绞丝纹状花边，即成合子酥生坯。

⑤ 锅内倒入花生油烧至130℃时，下入制品生坯，用小火余炸至制品层次出来，再适当提高油温炸至制品层次清晰、色泽微黄、体积膨大即成。

【营养成分】

合子酥营养成分表

营 养 项 目	每 份 含 量	单　　位	NRV%
能量	5 418.3	千卡	226%
蛋白质	100	克	133%
脂肪	251.5	克	375%
碳水化合物	688.7	克	184%
膳食纤维	22.7	克	90.8%
钙（Ca）	368	毫克	46%
铁（Fe）	16.5	毫克	110%
锌（Zn）	5.1	毫克	33%
钠（Na）	314.8	毫克	14%

【制品特点】

造型精致美观,层次分明,油而不腻,酥松香甜。

【思考题】

① 合子酥成形的难点有哪些?

② 合子酥的油面和水油面的硬度如何掌握?

【制品文化】

苏式月饼,具有浓郁江浙风味的传统特色面点,是中国中秋节的传统食品,更受到江南地区汉族人民的喜爱,皮层酥松,色泽美观,馅料肥而不腻,口感松酥,直至清乾隆三十八年稻香村的出现,这项技艺才开始真正被收集、整理、改良、创新、传播。历经两个多世纪,在稻香村和其他老字号的共同努力下,得到了全面发展。至今可以有文字记载的,确切的传承艺人可以追溯到清朝末年吴金堂一代,在此之前的艺人

确切史料已经丢失,至今有五代传承这款糕点的精华。在稻香村和其他老字号的共同努力下,得到了全面发展传承。苏式月饼制作技艺被列入"中国非物质文化遗产保护名录"。

【原料】

① 坯料:面粉750克,熟猪油500克,饴糖50克,90℃以上热水180克。

② 馅料:熟面粉250克,绵白糖55克,糖渍猪板油丁250克,熟松子仁50克,熟瓜子仁50克,糖橘皮25克,青梅12克,糖桂花50克。

【制作工艺】

① 将糖渍猪板油丁切碎,加入熟面粉、绵白糖拌擦均匀,再加入熟猪油200克拌匀,将核桃仁、糖橘皮、青梅等切成小粒,再和其他果仁、蜜饯一起加入拌匀即成百果馅。

② 取面粉250克放在案板上,加入熟猪油145克,搓擦成光洁的干油酥面团。剩下的面粉加入剩余的熟猪油、热水、饴糖调和均匀,搓揉成柔软的水油酥面团。

③ 将水油酥面团包住干油酥面团,按扁后擀成薄片状,然后两头叠向中间成3层,再擀开呈片状,然后从一头卷起呈筒形长条,将条稍搓细后摘成30个剂子,横放后用手将剂子按成圆坯皮,包入馅心(重约30克)后,在封口处贴上一小方纸,压成厚1厘米的扁形生坯,最后在生坯上盖上红印章。其余面剂按相同方法制完。

④ 将饼坯面朝下整齐的摆放入烤盘内,待炉温在230—250℃时,送入烤箱内,烘烤约10分钟,至饼面成鼓状,淡黄色时,取出逐一将饼坯翻身,再放入烤箱内烘烤10分钟取出即成。

【营养成分】

苏式月饼营养成分表

营养项目	每份含量	单位	NRV%
能量	7 679.9	千卡	320%
蛋白质	134.1	克	179%
脂肪	524.3	克	783%
碳水化合物	606.2	克	162%

营养项目	每份含量	单 位	NRV%
膳食纤维	35.1	克	140.4%
钙（Ca）	341	毫克	43%
铁（Fe）	19.1	毫克	127%
锌（Zn）	8.1	毫克	52%
钠（Na）	723.5	毫克	33%

【制品特点】

色泽金黄、油润有光泽，形呈扁鼓状，酥层分明，酥松不腻，肥润甜美。

【思考题】

① 苏式月饼与广式月饼相比有什么优缺点？

② 如何能让老百姓更喜欢苏式月饼？

42 黄桥烧饼

【制品文化】

黄桥烧饼是江苏泰兴的著名点心。1940年10月初,新四军东进苏北地区,进行了著名的黄桥战役,取得了辉煌的胜利。当时,黄桥人民用自己做的美味芝麻烧饼,拥军支前,慰问子弟兵,为革命作出了贡献。"黄桥烧饼黄又黄,黄黄烧饼慰劳忙。烧饼要用热火烤,军队要靠百姓帮。同志们呀吃个饱,多打胜仗多缴枪。"这首苏北民歌,从苏北唱到苏南,响彻解放区,黄桥烧饼也随之名扬大江南北。如今,黄桥烧桥既是黄桥地区百姓的各种节日不可缺少的节日食品,也是黄桥销往全国各地的著名特产。

【原料】

① 坯料:面粉270克,熟猪油60克,酵种20克,食碱1克。

② 馅料:肉松75克,猪板油100克,香葱40克,精盐5克,味精2克,糖15克,脱壳白芝麻75克。

【制作工艺】

① 将面粉120克放在案板上,加入熟猪油反复擦制成油酥面团。

② 将75克面粉加40克温水拌和,加酵种揉匀发酵5小时(夏季)成老酵面。

③ 香葱洗净切成细末,猪板油去膜切成细丁与精盐、味精、糖、葱末拌和均匀备用;食碱用10克温水化成碱水。

④ 将75克面粉加40克热水拌和摊晾至微温(30℃左右)时,与发好的老酵面团揉合,再将食碱水分数次兑入酵面里揉匀,静置10分钟后待用。

⑤ 将烫酵面搓条并摘成15个面剂;油酥也下成15个剂子,每个面剂包上一个油酥,收口向上,擀成20厘米长、7厘米宽的面皮,左右对折后擀成25厘米长的面皮,然后由前向后卷成圆柱体,用手掌从坯子侧面按扁,擀成直径6厘米的圆形面皮,放在左手掌心,放上5克肉松10克猪油作为馅心,包拢后封口朝下,擀成椭圆形的小饼(中间低两头高),表面刷上饴糖水黏上芝麻即成生坯。

⑥ 将黄桥烧饼生坯装入烤盘,送进面火200℃、底火为220℃的烤箱中约烤10分钟,成金黄色即可出炉、装盘。

【营养成分】

黄桥烧饼营养成分表

营 养 项 目	每 份 含 量	单 位	NRV%
能量	3 058.3	千卡	127%
蛋白质	76.2	克	102%
脂肪	187.1	克	279%
碳水化合物	267.4	克	72%
膳食纤维	17.7	克	70.8%
钙（Ca）	607.5	毫克	76%
铁（Fe）	20.9	毫克	139%
锌（Zn）	8.3	毫克	54%
钠（Na）	2 982.8	毫克	136%

【制品特点】

饼形饱满,酥层清晰,色泽金黄,口感酥香。

【思考题】

① 黄桥烧饼表面刷上饴糖水有什么作用?

② 黄桥烧饼馅心内加入猪油丁有什么作用?

43 六凤居葱油饼

【制品文化】

南京六凤居的葱油饼是南京的一道享有盛名的小吃,被列为秦淮八绝之一。六凤居始建于1917年,至今已有近百年历史。早些年,五凤居、六凤居、德顺居都经营葱油饼和豆腐脑。六凤居和其他家展开了激烈的、长期的竞争,最终六凤居技高一筹,其葱油饼和豆腐脑成为秦淮小吃"八绝"中的第三绝。2000年前后,南京六凤居被快餐店取代,豆腐脑和葱油饼一度消失。经制作葱油饼和豆腐脑的第四代传人李怀强努力,六凤居葱油饼重返六凤居。为了符合现代人的口味,李怀强正式进驻老门东前,他先后做了葱油饼的四次改进,使老品种焕发出新的生命力。

【原料】

面粉2 000克,花生油1 500克(实耗300克),温水800克,葱末60克。

【制作工艺】

① 将面粉倒在案板上,加花生油400克、温水调成光洁的水油皮面,按4∶1分成2块。

② 将大块的水油皮面分成8块,每块放在抹过油的案板上,揉圆压扁,擀成直径40厘米的圆面皮,撒上精盐、葱末,横卷成长条,再卷成团形,待用。

③ 小块的水油皮面也分成8块,取1块揉圆压扁,擀成直径约20厘米的圆面皮,包入1块葱面团成馒头形,压擀成约40厘米的葱油饼生坯,中间戳上几个小孔,如此做成8块葱油饼生坯。

④ 平底锅内放入花生油,烧至五成熟,油饼入锅,用两根长竹片按着油饼转动,炸至两面金黄、中间起层即熟。出锅沥油后,改切成三角形油饼。

【营养成分】

六凤居葱油饼营养成分表

营 养 项 目	每 份 含 量	单 位	NRV%
能量	9 789.5	千卡	408%
蛋白质	314.7	克	420%
脂肪	349.9	克	522%
碳水化合物	1 345.4	克	360%
膳食纤维	74.6	克	298.4%
钙(Ca)	687.5	毫克	86%
铁(Fe)	21.3	毫克	142%
锌(Zn)	5.6	毫克	36%
钠(Na)	77.1	毫克	4%

【制品特点】

色泽金黄,入口酥脆,油而不腻,余香持久。

【思考题】

① 六凤居葱油饼能否用猪肉制作?

② 葱油饼炸制前中间为什么要戳上孔?

44 翡翠烧卖

【制品文化】

翡翠烧卖是江苏扬州著名的风味点心，由扬州富春茶社创始人陈步云首创，与千层油糕合称扬州点心的"双绝"。采用烫面做皮，绿色菜叶做馅经调味而成。口味有甜味和咸味两种，因蒸熟后馅心透过薄皮色如碧玉而得名。

【原料】

① 坯料：面粉200克，沸水40克，冷水40克。

② 馅料：青菜叶500克，精盐1克，熟猪油80克，白糖100克，鸡精2克，火腿末100克。

【制作工艺】

① 将青菜叶洗净，下沸水锅中焯水，放入冷水中凉透，剁成细茸状，再用布袋装起，挤干水分，先用精盐将菜泥腌制一下去涩味，然后放进白糖、鸡精拌匀，再放入熟猪油拌匀待用。

② 将面粉倒上案板，用沸水烫成雪花状，摊开冷却后，再撒上冷水，糅合成团，醒制10分钟。

③ 将面团揉光搓成条，摘成20只小剂，逐只按扁后埋进干面粉里，擀成10厘米直径的呈菊花边状的圆烧卖皮。左手把烧卖皮托于手心，右手用竹刮子上入馅心，然后左手窝起，把皮子四周同时向掌心收拢，使其成为一个下端圆鼓，上端细圆的石榴状生坯，用手在颈项处捏细一些，口部微张开一些，最后在开口处镶上火腿末。

④ 生坯熟制：将生坯入笼蒸5分钟即可，装盘。

【营养成分】

翡翠烧卖营养成分表

营 养 项 目	每 份 含 量	单　位	NRV%
能量	2 108.7	千卡	88%
蛋白质	53.4	克	71%
脂肪	102.7	克	153%
碳水化合物	242.7	克	65%
膳食纤维	16.4	克	65.6%
钙（Ca）	627.5	毫克	78%
铁（Fe）	11.2	毫克	75%
锌（Zn）	4.3	毫克	28%
钠（Na）	3 859.2	毫克	175%

【制品特点】

馅心碧绿,色如翡翠,香甜软嫩,爽滑不腻。

【思考题】

① 翡翠烧卖的调味有什么特点?

② 保证烧卖呈翡翠色的要领有哪些?

45 文楼汤包

【制品文化】

江苏淮安市古镇河下文楼饭店，相传是在清道光八年（1828年），淮安百姓为缅怀文楼勇士而在重阳节修建的。文楼新办初期，店主陈海仙，开始只是经营茶点与蟹黄包子，以应文人墨客来文楼聚会时需要。后将传统蟹黄肉包试制成水调面蟹黄汤包，一经品尝，味道比传统蟹黄肉包更为鲜美、更具特色，人人夸好，文楼汤包的做法就这样传承了下来。文楼汤包皮薄透如纸，点火即可燃烧。食用时配以香醋、姜末和香菜，先轻咬小口吸汤，其味鲜美，爽口不腻，因而远近闻名。至今仍有谚语

"文楼汤包，吃得等不得"，现在每年的中秋时节，当螃蟹上市，则蟹黄汤包开始供应，文楼美名在外，顾客争相品尝，令文楼门庭若市。有民谣夸奖其："桂花飘香菊花黄，文楼汤包人争尝，皮薄蟹鲜馅味美，入喉顿觉身心爽。"

【原料】

① 坯料：中筋面粉250克，精盐2克，冷水80克，陈村枧水2克。

② 皮冻：鲜猪肉皮250克，光鸡腿1只，猪五花肉150克，猪骨头150克，葱末10克，姜末10克，黄酒20毫升，虾子1克，精盐5克，白酱油20毫升，白糖5克。

③ 蟹肉：螃蟹150克，熟猪油20克，白胡椒粉1克，姜末2克。

【制作工艺】

① 馅心调制：把螃蟹洗净蒸熟，剥壳取肉、黄。锅内放入熟猪油，投入葱末、姜末煸出香味，放入蟹肉、黄略炒，加黄酒、精盐和白胡椒粉炒匀后入碗内。将猪肉皮、猪骨头洗净，猪肉切成0.6厘米厚的片，将上述原料一起下锅焯水后，锅内换成清水，将鸡、猪肉皮、猪肉、猪骨等用小火煨煮。当猪肉六成熟时起锅，冷后改切成丁。鸡八成熟时起锅拆骨，也切成0.3厘米的丁；肉皮烂时起锅，绞碎，越细越好；猪骨捞出。将肉皮蓉倒回肉汤中烧沸，改小火加热。待汤浓稠时过滤，再放入鸡丁、肉丁烧沸、撇沫，放葱姜末、料酒、精盐、白酱油、白糖和炒好的蟹粉。汤沸时用汤烫盆（汤仍倒入锅中），再烧沸即可将汤馅均匀地装入盘内（盆底垫空以利散热），用筷子在盆内不断搅动，使汤不沉淀，馅料不沉底。待汤馅冷却、凝成固体后，用手捏碎待用。

② 面团调制：将面粉倒在案板上，加入清水、精盐、陈村枧水，将面粉拌成雪花状，再揉成团，盖上湿布，置案板上醒透，再边揉边叠，每叠一次在面团接触面蘸少许水，如此反复至面团由硬回软，盘成圆形，用湿布盖好醒制。

③ 生坯成形，将面团揉匀搓条摘成15只面剂，每只面剂撒敷面少许，擀成直径为16厘米、中间厚、边皮薄的圆形皮子，左手拿坯皮，右手挑入馅心，将面皮对折叠起，左手虎口夹住，右手前

推收口呈圆腰形汤包生坯。

④ 生坯熟制：每只小笼放一只，蒸7分钟即熟。装盘时，将盛汤包的盘子用沸水烫热，抹干。抓包时右手五指分开，把包子提起，左手拿盘随即插入包底，动作要迅速，每盆放一只。

【营养成分】

文楼汤包营养成分表

营 养 项 目	每 份 含 量	单 位	NRV%
能量	2 545.7	千卡	106%
蛋白质	148.5	克	198%
脂肪	133.3	克	199%
碳水化合物	188	克	50%
膳食纤维	11.2	克	44.8%
钙（Ca）	554	毫克	69%
铁（Fe）	22.1	毫克	147%
锌（Zn）	9.2	毫克	59%
钠（Na）	6 257.7	毫克	284%

【制品特点】

皮薄而软韧，肉香蟹鲜，卤汁盈口，爽滑不腻。

【思考题】

① 文楼汤包馅心所用的猪肉为什么要五花肉？

② 如何才能使汤包的汤馅肥而不腻？

46 油条

【制品文化】

油条,杭州人俗称"油炸桧""桧儿"。这个称呼还有一段历史传说:那是在公元1142年,即南宋高宗统治时期,岳飞率军在河南郾城和朱仙镇等地大败入侵的金兵,收复汴京也指日可待。秦桧为首的卖国贼竟在一天之内连下十二道金牌召回岳飞,破坏抗战,逼其退兵,致使岳飞"十年苦功一朝尽废"。岳飞回到杭州后,秦桧以"莫须有"的罪名把岳飞父子杀害在风波亭(今众安桥附近)。消息传出,民心激愤,痛恨秦桧残害忠良。当时有两个制作烧饼和油炸糯米团的饮食摊,用面粉捏了两个形如秦桧

夫妻的面人,扭到一起,用切面刀向面人横打数刀,为解恨,又丢进油锅炸,意寓把卖国贼秦桧打入十八层地狱下油锅。买早点的顾客一看,心里都明白了,不约而同地喊:"油炸桧,油炸桧!"这就是油条的来历。后来人们又把"油炸桧"用葱裹起来,外面包以面饼,放在热锅上压烤,意为把秦桧夫妇五花大绑放在炉上烤,就是"葱包桧儿"。深刻的寓意使"油炸桧"和"葱包桧儿"很快传遍杭城,以至影响全国。色泽金黄、口味香脆的"油炸桧"和甜辣香脆经济实惠的"葱包桧儿",也成为深受百姓欢迎的大众化食品。到了近代,色香味美的油条随着海外侨胞漂洋过海,到世界各地生根发展,成为中国饮食文化的代表,可以说有中国人的地方就有油条的踪影,油条也因此成为传播最广的中式点心。油条成品外酥内嫩,色泽金黄,咸香适口,是老少皆宜、妇幼喜食的大众化传统早点食品。传统油条配方中均使用明矾,经过配方改良的油条,无明矾更健康。

【原料】

高筋面粉1 000克,安琪无铝油条膨松剂20—30克,盐13克,糖12克,色拉油1 500克(实耗200克)。

【制作工艺】

① 将高筋面粉与其他料一起拌匀,使劲揉搓(或用机打)成较软的面团。

② 面团松弛后揣开成长方形,叠3层后继续松弛,重复上述操作,直至面团表面有许多气泡后擀成长方形,表面抹上色拉油后盖上保鲜膜,醒发3—4小时(夏季),春秋季醒发6—7小时,冬天可更长。

③ 面团擀成宽15厘米的长方形,切剂,将两条剂子叠压在一起,用筷子或尺子顺长压一深纹。

④ 油锅中放入大量的精制油,待升至180℃时,用手将生坯两头捏住拉长放入油锅中,待浮起时,用筷子不断翻动,直至色泽金黄时捞起沥油即可。

【营养成分】

油条营养成分表

营 养 项 目	每 份 含 量	单 位	NRV%
能量	5 459	千卡	227%
蛋白质	123	克	164%
脂肪	214.6	克	320%
碳水化合物	758.9	克	203%
膳食纤维	4	克	32%
钙(Ca)	308.8	毫克	39%
铁(Fe)	10.5	毫克	70%
锌(Zn)	4.4	毫克	28%
钾(K)	1 287.6	毫克	64%

【制品特点】

色泽金黄,疏松香脆,咸香适口,长时间放置不塌陷。

【思考题】

① 油条酥脆的原理是什么?

② 油条为什么要两根并在一起炸制?

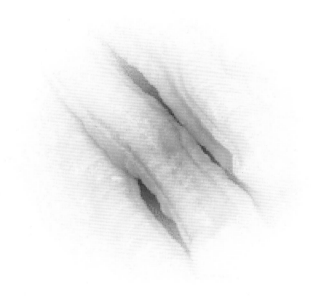

47 上海素菜包

【制品文化】

素菜包是上海市春风松月楼素菜馆的特色小吃。该店已有70多年历史，它是融京、苏、扬帮风味于一体，又有上海本地风味的素菜馆。该店的素什锦、炒冬菇、罗汉斋、口蘑锅巴汤、炒蟹粉、面筋面等菜肴在上海颇负盛名，尤其是该店制作的素菜包更是名闻遐迩，十分受人欢迎。素菜包是用精白面粉做皮，馅心则是用青菜、面筋、冬菇、冬笋、五香豆腐干剁碎后配以香油、糖等调味品制成。

【原料】

① 坯料：面粉500克，干酵母7.5克，泡打粉7.5，白糖25克，微温水275克。

② 馅料：青菜500克，开洋50克，香菇100克，葱花10克，姜末10克，精盐8克，白糖1克，味精6克，色拉油50克，芝麻油10克。

【制作工艺】

① 青菜择洗干净后焯水，捞出后用冷水冲凉，挤干后切碎，再挤去水分。将开洋和香菇切成小丁。将上述加工后的原料放入盆里，加入葱花、姜末、精盐、白糖、味精、色拉油、芝麻油拌匀成馅。

② 在面粉中间挖个塘，将干酵母、泡打粉、白糖和温水放进塘里用手搅拌均匀与面团混合均匀，使其揉成均匀光滑的面团，用潮湿的抹布将其盖住醒发备用。

③ 将面团搓成条后揪成大小相同的剂子，擀成直径7厘米左右中间稍厚、四周稍薄的圆皮，包入约30克馅心，提捏成20个以上的褶皱，并收拢封口即成生坯。

④ 将生坯入笼，稍醒发后，用旺火沸水蒸约10分钟即成。

【营养成分】

上海素菜包营养成分表

营 养 项 目	每 份 含 量	单 位	NRV%
能量	2 576	千卡	107%
蛋白质	97.1	克	129%
脂肪	74.8	克	112%
碳水化合物	378.6	克	101%
膳食纤维	33.3	克	133.2%
钙（Ca）	752.2	毫克	94%
铁（Fe）	20.7	毫克	138%

营 养 项 目	每 份 含 量	单 位	NRV%
锌（Zn）	3.2	毫克	21%
钠（Na）	5 390.2	毫克	245%

【制品特点】

皮色洁白,馅心青绿,饱满松软,清素油润,香鲜适口。

【思考题】

① 上海素菜包有哪些独特之处?

② 你认为其他蔬菜也可以用来制作上海素菜包吗?

48 三丝眉毛酥

【制品文化】

　　眉毛酥属于明酥中的卷酥，尤其以上海的特色点心"三丝眉毛酥"最为有名。此点以油酥面团作皮，以肉丝、笋丝、冬菇丝为馅制作而成。其色泽洁白、松酥可口、形似眉毛，图案别致，深受广大食客喜爱。

【原料】

① 干油酥料：精面粉200克，熟猪油100克。

② 水油皮料：精面粉300克，熟猪油75克，清水145克。

③ 馅料：肉丝250克，香菇丝25克，冬笋丝50克，生粉8克，料酒10克，精盐2克，糖2克，胡椒粉0.5克，味精0.5克。

④ 其他：花生油800克（熟制用），蛋清30克。

【制作过程】

① 锅内放入肉丝、香菇丝、冬笋丝煸炒，加料酒、精盐、糖、胡椒粉煮透，放入味精，用湿生粉勾芡，即成馅料。

② 擦制干油酥，调水油皮面。用水油面包干油酥，按扁，擀成0.5厘米厚的长方形面片，折成3层，再擀成0.2厘米厚的长方形薄片，卷成直径约7厘米的圆长条，收尾处要涂抹蛋清，轻轻地搓一下以使其卷紧，用快刀切成约0.6厘米厚的油酥剂子。

③ 将剂子按扁，擀成直径约8厘米的中间厚边缘薄的坯皮，涂抹蛋清后，包入馅料15克，圆弧朝上对折成半圆形，将右角向内折进一段，再将边对齐捏拢，用右手拇指和食指在边上绞绳形花边，即成眉毛酥生坯。

④ 锅内加油，烧至三成热时，放入生坯，炸至酥层分明，捞出沥油，即可食用。

【营养成分】

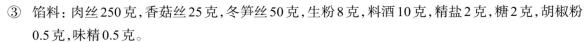

三丝眉毛酥营养成分表

营养项目	每份含量	单位	NRV%
能量	10 968	千卡	457%
蛋白质	121.9	克	163%
脂肪	987.6	克	1474%
碳水化合物	398	克	106%
膳食纤维	2.5	克	10%
钙（Ca）	250.6	毫克	31%
铁（Fe）	31.5	毫克	210%

营 养 项 目	每 份 含 量	单 位	NRV%
锌（Zn）	16.2	毫克	104%
钠（Na）	2 708.1	毫克	123%

【制品特点】

色泽微黄,层次清晰,质地酥松,口味鲜美,形如秀眉。

【思考题】

① 如何保证眉毛酥的酥层清晰?

② 可否用生猪肉馅制作眉毛酥? 为什么?

【制品文化】

茶馓因多用于非正餐与茶饮同食,故名茶馓。之前是人们食用了两千多年的环饼、寒具。《齐民要术》云:"细环饼,一名寒具,脆美。"以其形为妇女之钏环得名,是馓子的别名。馓子因其形如细枝,亦名馓枝。淮安茶馓又名鼓楼茶馓,四寸长,一寸宽,细纤纤,黄亮亮,宛如金线绕成套环,圈圈相连,以其"香酥细脆,美味可口"名闻天下。据《淮安县志》记载,清咸丰五年(1855年),淮安人岳文广将原有家传茶馓制法加以改进,制成了有名的岳家茶馓,因岳家住鼓楼附近,人们习惯称之为鼓楼茶馓。有梳子、扇子、菊花、宝塔等形状。宣统元年(1909年),参加江苏省物品展览会获奖。1930年参加巴拿马国际博览会获奖,是馈赠友人的佳品。

【原料】

面粉1 000克,精盐25克,清水600克,麻油2 500克(实耗200克)。

【制作工艺】

【原料】

① 将面粉倒入面盆内加盐及清水拌匀揉透,待表面光滑后盖上湿布醒制10分钟,取出揣一次,再醒制后再揣,如此反复3次。

② 将面团放置在抹过油的干净案板上,擀成1厘米厚的长片,切成20根条状片,手上抹上麻油,将每条搓成筷子粗的细条,再浇上麻油,盘在盆内醒制(隔夜后成型、成熟)。

③ 取面剂条1根,将面剂的一头放在左手虎口处,用拇指按住,右手将面剂拉成更细的条,边拉边往左手上绕,绕约10圈,将另一头也连在虎口上,黏牢。取下,用双手套住面圈,轻轻拉长,也有用两只筷子穿着拉长,待拉至30厘米长左手不动,右手翻转360度成绳花状。

④ 铁锅内烧油,旺火至200℃,用筷子穿住两头下油锅,炸制成型后抽掉筷子再炸1分钟,呈金黄色时捞起,沥油即成。

【营养成分】

麻油馓子营养成分表

营　养　项　目	每　份　含　量	单　　位	NRV%
能量	5 336.4	千卡	222%
蛋白质	157	克	209%
脂肪	224.4	克	335%
碳水化合物	672.2	克	180%
膳食纤维	37	克	148%

营养项目	每份含量	单 位	NRV%
钙（Ca）	333.5	毫克	42%
铁（Fe）	10.6	毫克	71%
锌（Zn）	2.4	毫克	15%
钠（Na）	9 861	毫克	448%

【制品特点】

色泽嫩黄酥脆松，宛如金线绕成，环环相连。

【思考题】

① 麻油茶徽用麻油炸制有什么好处？

② 如何保证麻油茶徽的口感酥脆？

50　王兴记馄饨

【制品文化】

王兴记馄饨是江苏无锡著名的风味点心。无锡王兴记馄饨店开业于1913年，当时仅一间门面三张桌子，1964年迁至繁华的中山路，逐渐发展成为无锡市内最大的一家点心店，是首批中华餐饮名店，以经营馄饨、小笼包为特色，现已发展成具有多家门店的连锁餐饮企业。王兴记馄饨以冷水硬面团做皮，包以用净猪腿肉、青菜叶、四川榨菜等调制而成的馅，经煮制而成，具有皮薄爽韧、汤汁浓醇、味道鲜美的特点，常作为早点和筵席点心供应。王兴记馄饨店其馄饨质量日臻精美，无锡人以吃王兴记馄饨为快。

【原料】

① 坯料：面粉250克，陈村枧水2毫升，冷水110毫升。

② 馅料：净猪腿肉200克，青菜叶100克，四川榨菜15克，葱末5克，姜末5克，精盐5克，黄酒10毫升，白糖5克，味精2克，冷水50毫升。

③ 汤料：青蒜末10克，味精8克，肉骨汤1 000毫升，熟猪油15克，精盐10克。

④ 装饰料：香干丝20克、蛋皮丝20克。

【制作工艺】

① 把青菜叶洗净，烫过挤去水分，剁碎；将榨菜剁成末后用冷水浸泡，待用。将猪腿肉洗净，绞成肉末，加葱姜末、黄酒、精盐拌匀，加冷水搅拌上劲。在肉末中加白糖、味精、青菜末、榨菜末搅匀即成肉馅。

② 把面粉倒在案板上加入陈村枧水、冷水和成雪花面，揉搓成光滑的硬面团，醒制。

③ 将揉光的面团用压面机反复压3次（可撒些干淀粉防黏增滑），压成0.5厘米厚的薄皮，叠层切成下宽7厘米、上宽10厘米的梯形皮子40张。取皮子1张放左手，右手挑馅放在皮子的中央，由下向上卷起成筒状，再将两头弯曲用水黏牢包成大馄饨形。

④ 煮时水要宽，火要大，水沸后下入馄饨。其间点一两次清水，使汤保持微沸，以防面皮破裂。待馄饨全部浮于水面即好。碗中放入味精、熟猪油、青蒜末、肉汤，捞入馄饨（每碗10只）再撒上蛋皮丝、香干丝即成。

【营养成分】

王兴记馄饨营养成分表

营养项目	每份含量	单　位	NRV%
能量	1 604.9	千卡	67%
蛋白质	65.9	克	88%

营养项目	每份含量	单　位	NRV%
脂肪	43.3	克	65%
碳水化合物	237.9	克	64%
膳食纤维	15.9	克	63.6%
钙（Ca）	331.7	毫克	41%
铁（Fe）	11.8	毫克	79%
锌（Zn）	3.1	毫克	20%
钠（Na）	8 387.1	毫克	381%

【制品特点】

皮薄软韧，肉香馅嫩，汤鲜味美。

【思考题】

① 王兴记馄饨的馅心有什么特色？

② 王兴记馄饨能成为地方名点的原因有哪些？

51 巢湖狮子头

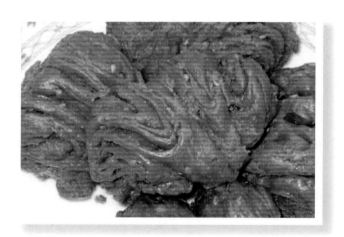

【制品文化】

安徽省巢湖一带城乡人民，在过春节时历来有扎彩球、玩狮子的风俗，以示庆祝，群众即做出形如狮子头样的点心，酬谢玩狮人，相传至今。此小吃因用食碱量比普通酵面团要稍大，所以特别酥香，可贮存数日不回软。

【原料】

面粉500克，酵面200克，温水250克，姜末20克，精盐15克，食碱25克，菜籽油1 000克（实耗150克）。

【制作工艺】

① 将面粉放在案板上，扒凹，倒入温水拌匀后，加入酵面，继续拌和均匀，盖上湿布发酵30分钟左右，放入碱中和，揉透，放在案板上，再盖上湿布，醒面10分钟左右，揭去湿布，揣揉一次，然后用擀面杖擀成2厘米厚的大面片，撒上精盐、姜末，淋菜籽油约20克抹匀，卷起成圆柱体形，切成30个面剂。

② 取面剂1个，刀口一面对胸，两大拇指按住剂子，两手向外拉约13厘米长，折叠起来，再同样拉一次，再折叠时两手大拇指向里一按，即成狮子头生坯。如此一一做好，上笼用旺火蒸15分钟左右取出。

③ 铁锅放在旺火上，放入菜籽油，烧至五成热时，下入蒸熟的制品，改用小火边氽边炸，并逐步加温，待炸呈金黄色时，出锅即成。

【营养成分】

巢湖狮子头营养成分表

营养项目	每份含量	单位	NRV%
能量	3 922.2	千卡	163%
蛋白质	116.4	克	155%
脂肪	168.6	克	252%
碳水化合物	484.8	克	130%
膳食纤维	30.1	克	120.4%
钙（Ca）	256.2	毫克	32%
铁（Fe）	27.9	毫克	186%
锌（Zn）	2.7	毫克	17%
钠（Na）	5 930.7	毫克	270%

【特点】

此点心花纹重叠，像狮子头发蓬松，香脆可口，手拍即碎，能保存数日不回软，略有咸味和姜香。

【思考题】

① 巢湖狮子头调味有什么特点？

② 如何保证巢湖狮子头的香脆？

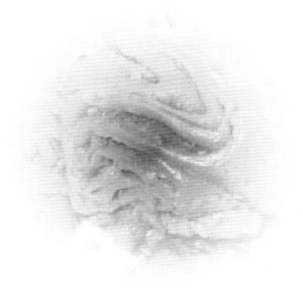

52 金华干菜酥饼

【制品文化】

　　金华酥饼历史悠久,是金华著名点心,也是闻名遐迩的馈赠亲朋好友的传统特产。传说首创者是唐朝开国元勋之一的程咬金。早年程咬金在金华以卖烧饼为生,有一次他的烧饼做得太多了,没卖完。为了防止烧饼变坏,程咬金将烧饼统统放在炉边上,想让火烘烤着,烧饼坏不了。第二天,程饺金起床一看,烧饼里的肉油全都给烤出来了,饼皮更加油润酥脆,全成了酥饼。这饼一上市,立刻吸引了不少人,争先恐后的品尝。随后程咬金将烧饼再加以改进,制出的酥饼圆若茶杯口,形似蟹壳,加上霉干菜、肉馅之香,更具特殊风味。

【原料】

　　面粉240克,老酵面25克,小苏打2克,温水90克,肥膘肉丁100克,霉干菜75克,盐5克,花生油20克,饴糖水15克,白芝麻50克。

【制作工艺】

① 将肥膘肉丁加入泡开切碎的霉干菜末、精盐拌成馅料。

② 面粉加入温水搅匀,摊开晾凉后取出适量,放入老酵面,加入食碱,和成面团,揉匀揉透。

③ 将面团擀成长方形的面皮,抹上一层花生油,自上向下卷起,搓成长圆形,揪成每只35克的面剂,逐只擀成中间厚、四边薄的坯皮,包入馅料,再包捏成圆饼,刷上饴糖水,撒上芝麻,即为饼坯。

④ 当烤炉温度180℃时,将饼坯贴在炉壁上烘烤十几分钟,等炉火全部退净,再烘烤2小时,即可取食。

【营养成分】

金华霉干菜营养成分表

营 养 项 目	每 份 含 量	单 位	NRV%
能量	2 141.2	千卡	89%
蛋白质	50.4	克	67%
脂肪	135.6	克	202%
碳水化合物	179.8	克	48%
膳食纤维	20	克	80%
钙(Ca)	447.4	毫克	56%
铁(Fe)	13.8	毫克	92%
锌(Zn)	4.5	毫克	29%
钠(Na)	3 290.6	毫克	150%

【**制品特点**】

酥松香脆,形似蟹壳,面带芝麻,两面金黄。

【**思考题**】

① 金华干菜酥饼的馅心有什么特色?

② 金华干菜酥饼烘烤时间对制品有什么影响?

53 大救驾

【制品文化】

大救驾为安徽寿县知名点心,已有千年历史,驰名南北。据传说公元956年,后周皇帝世宗命大将赵匡胤率兵攻打寿春(今寿县),驻城南唐清淮军刘仁赡率兵死守,赵匡胤苦战九个多月,方才攻破。由于长期苦战,后周军人疲马乏,赵匡胤也劳累过甚,不思饮食。厨师见状特做此圆饼献上,赵匡胤吃后,食欲大振。后来赵匡胤做了宋朝开国皇帝,称此点心曾救了他的驾,大救驾即由此而得名,一千多年来,大救驾原料配方和制作技术由于厨师们的不断改进质量和风味有了进一步的提高。

【原料】

① 油酥面:面粉200克,熟猪油100克。

② 水油面:面粉300克,熟猪油40克,温水140克。

③ 馅料:猪板油200克,冰糖50克,红绿丝40克,青梅25克,金橘饼40克,核桃仁25克,糖桂花10克,白糖200克,熟松子仁50克,熟瓜子仁50克。

④ 炸油:花生油1 500克(实耗50克)

【制作工艺】

① 将猪板油撕去皮膜,切成黄豆粒大的丁。金橘饼、核桃仁、青梅、青红丝切碎,冰糖碾碎,糖桂花和绵白糖一起放入盆内,拌匀成馅心。

② 调制油酥面和水油皮面,将油酥面包入水油皮面内收口捏紧,按成圆饼形,用擀面杖擀成长约60厘米宽约20厘米的薄片,卷起,切5厘米宽度的剂子,再从中切成两段,刀口朝上,平放在案板上按扁,再擀成中间稍凹的圆饼(擀时不要翻身)。

③ 包入馅心50克,用左手托着饼慢慢旋转,右手拢住面皮收口成圆形,放在案板上,用手掌按扁成圆饼生坯。

④ 将铁锅放在小火上,倒入花生油,烧至120℃左右下生坯,待出现层次将温度升至140℃左右炸制定型、色泽淡黄即可。

【营养成分】

大救驾营养成分表

营 养 项 目	每 份 含 量	单 位	NRV%
能量	6 767.4	千卡	282%
蛋白质	96.8	克	129%
脂肪	432.6	克	646%
碳水化合物	621.7	克	166%
膳食纤维	27	克	108%
钙(Ca)	289.6	毫克	36%

营 养 项 目	每 份 含 量	单 位	NRV%
铁（Fe）	17	毫克	113%
锌（Zn）	7	毫克	45%
钠（Na）	501.7	毫克	23%

【制品特点】

色泽淡黄,酥层清晰,油润香甜。

【思考题】

① 大救驾有没有值得改进的地方?

② 大救驾能成为地方名点的原因有哪些?

54 油糖烧卖

【制品文化】

此点心产于安徽省庐江县，外形如石榴花，因顶上点一红点，故名"小红头"，是闻名国内外的名点之一。据传清乾隆年间，清军著名将领吴筱轩是庐江县沙虎山人，奉命出征，随身家乡厨师常为他做此点心，很受吴的赞赏。该厨师回乡后在庐江县城关岗上开饭店，继续做这种点心卖，深得食者欢迎。到光绪年间，此点心曾作为贡品，遂驰名于世。

【原料】

① 坯料：面粉250克，精盐2克，温水120克。

② 馅料：花生仁20克，馒头丁300克，青梅5克，猪板油220克，白糖100克，糖桂花15克，金橘饼15克，核桃仁10克，红曲水2克。

【制作工艺】

① 将猪板油撕去皮膜，切碎和馒头丁一起入绞肉机搅碎。另将花生仁、金橘饼、青梅、核桃仁全部切碎，加糖桂花、白糖、馒头屑、猪板油拌匀成馅。

② 面粉加温水、精盐拌匀揉透成团稍醒。

③ 面团搓条、下剂，擀成直径8厘米的荷叶边圆形皮子。

④ 将每张皮子包上馅心20克，封口包成石榴花形，高度为4厘米左右。做完后，上笼用旺火蒸约7分钟取出，用红曲水在顶端点上红点，轻轻地倒翻在案板上冷却即可。

【营养成分】

油糖烧卖营养成分表

营养项目	每份含量	单 位	NRV%
能量	3 926.4	千卡	164%
蛋白质	65.9	克	88%
脂肪	216.8	克	324%
碳水化合物	427.9	克	114%
膳食纤维	17.1	克	68.4%
钙（Ca）	206.2	毫克	26%
铁（Fe）	12.5	毫克	83%
锌（Zn）	5.3	毫克	34%
钾（K）	1 060.2	毫克	53%

【制品特点】

香甜油润,皮薄馅丰,形似石榴。冷凉后的小红头,用素油炒或炸味更佳。

【思考题】

① 小红头的馅心有什么特色?

② 小红头是一种烧卖,能否反复回笼蒸制?

【制品文化】

豆腐是全国各地都有的家常烹饪原料,以豆腐制作的菜肴品种很多,但却很少以豆腐作为面点馅心。江苏淮安地区的豆腐制作工艺精良,老嫩适中,百姓尤其喜食。特别是,本地百姓喜欢以豆腐为馅心,用面皮裹制,或蒸或煎,制成家常点心,实惠的用发酵面团包卷,大如手掌,精致的用热水薄面皮卷制,细如手指,为了包制方便,用面皮卷入馅心,两头捏紧即可,形似睡枕。这里介绍的淮安豆腐卷为当地宴席常用做法,用平底锅煎制成熟,成品外皮香脆,馅料鲜嫩可口,为淮安特色小吃品种之一。

【原料】

面粉250克,豆腐400克,葱花25克,精盐5克,味精2克,芝麻油10克,白胡椒粉1克。

【制作工艺】

① 将豆腐切0.5厘米见方的丁,焯水,沥去水分,加调料拌制成馅。

② 面粉加热水烫和成面团,经搓条、摘剂,擀成8厘米直径的薄皮,抹入馅心,然后将薄皮由外向里卷起,接头处涂少许水黏牢,两头用两手的拇指和食指捏牢,即成豆腐卷生坯。

③ 将豆腐卷入煎锅中煎至金黄成熟,闻有葱香味时取出装盘即可。

【营养成分】

淮安豆腐卷营养成分表

营 养 项 目	每 份 含 量	单 位	NRV%
能量	938.2	千卡	39%
蛋白质	62.4	克	83%
脂肪	28.2	克	42%
碳水化合物	108.7	克	29%
膳食纤维	7.3	克	29.2%
钙(Ca)	479.7	毫克	60%
铁(Fe)	9.1	毫克	60%
锌(Zn)	2.3	毫克	15%
钠(Na)	4 367.3	毫克	199%

【制品特点】

形似睡枕,脆嫩适口。

【思考题】

① 淮安豆腐卷可适用的成熟方法有哪些?

② 淮安豆腐卷面团应如何调制?

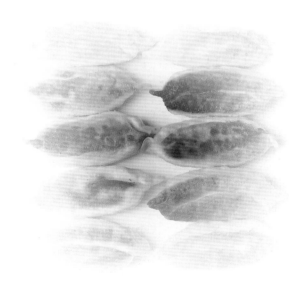

56 蜂糖糕

【制品文化】

蜂糖糕的历史源远流长,据说,唐代扬州就有这种甜得跟蜜似的糕点,称为"蜜糕"。五代时,为了避吴王杨行密的讳,改称蜂糖糕。蜂糖糕用发面,在笼屉内蒸熟,切开后里面充满状如蜂窝的孔洞,蜂糖糕的名称由此而来。

从前,扬州出售蜂糖糕最著名的店铺有左卫街的"五云斋"、多子街的"大同",辕门桥的"大麒麟阁"后来居上,制成的蜂糖糕绵软可口,既甜又香,生意红火,驰名大江南北。后来富春茶社的陈步云老板,眼看蜂糖糕很热销,就到处请教,精心制作,由于其精明过人,制出的蜂糖糕果然味道迥然,赢得了食客们的一致称道。

【原料】

中筋面粉500克,干酵母2克,糖板油丁、白糖各250克,红枣50克,玫瑰酱50克,青红丝20克,糖桂花10克,花生油20克。

【制作工艺】

① 盆内倒入面粉300克,加干酵母、少量白糖,再加入温水150克搅匀搓匀揉透,静醒2—3小时即成酵面。

② 擀开酵面,加白糖、糖板油丁、桂花、温水150克、面粉200克,反复搓揉均匀,再揉成馒头形状。

③ 取钵头一只洗净,里面涂上花生油,放入酵面(面团大小要占钵头体积的70%,以免酵面涨发时溢到钵头外面),盖上布醒发,待酵面发起平钵头时即成糖糕面团。

④ 蒸笼内铺上清洁湿布,倒入糖糕面团,用手按平,再在上面放上红枣、青红丝排成图案,上锅蒸30—40分钟即熟。

⑤ 笼后用刀横剖成相等的两片,中间涂上玫瑰酱,再黏合起来。吃时,用刀切成小块即可。

【营养成分】

蜂糖糕营养成分表

营 养 项 目	每 份 含 量	单 位	NRV%
能量	5 228.7	千卡	218%
蛋白质	82.4	克	110%
脂肪	245.5	克	366%
碳水化合物	672.4	克	180%
膳食纤维	19.6	克	78.4%

营养项目	每份含量	单 位	NRV%
钙（Ca）	191.5	毫克	24%
铁（Fe）	10.8	毫克	72%
锌（Zn）	3.2	毫克	21%
钠（Na）	600.6	毫克	27%

【制品特点】

色泽洁白,松软有劲,甜香可口。

【思考题】

① 蜂糖糕所用的白糖能不能第一次揉面时全部加入? 为什么?

② 蜂糖糕中能不能加入米粉等其他的粉料制作?

第6章

杂粮点心

教学
目标

通过学习，使学生了解杂粮类点心的制作工艺，了解各种代表性点心的
文化内涵，掌握其制作方法。

第一节　杂粮点心概述

　　杂粮面团是指将小米、玉米、高粱、豆类等磨成粉后加水直接调制成面团，或将杂粮粉与面粉、米
粉、淀粉等掺和加水调制成面团。其制品种类也很多，可做成各种小食品和点心。因杂粮品种不同，
调制的面团种类很多，且风味各异，具有浓厚地方特色和风味。

一、杂粮面团的调制工艺

（一）谷类杂粮面团的调制工艺

1.谷类杂粮面团的调制方法

将细玉米面、黄豆粉、小苏打、糖桂花、白糖放于盆中拌匀,再分次加入温水,采用拌和法和面,稍醒面后,采用揉、擦的调面方法调匀调透即成。

2.谷类杂粮面团的调制要点

（1）谷类杂粮米面要新鲜,成品才能松软味香。

（2）用料比例准确,面团软硬合适,不宜太软,以稍硬些为好。

（3）水温适当。面团不应过分黏稠或松散。

（4）要将面团揉、擦匀透,确保成品外表的光滑。

（二）豆类面团的调制工艺

1.豆类面团的调制方法

先将白豌豆去皮碾碎,红枣洗净煮烂制成枣汁待用。另取一铝锅加入清水、豌豆泥、食碱,烧煮至稀糊状,过筛。再将铝锅放火上,加入豆泥、白糖、红枣汁一起炒至黏稠,最后倒入干净的盘中,并放入冰箱中冷藏即成。

2.豆类面团的调制要点

（1）投料要准确。应根据原料的特点和成品的要求来灵活掌握所掺的原料比例。

（2）控制面团的软硬度和黏度。

（3）掌握好火候。火力要适中,防止煮、炒焦煳。

（三）根茎类杂粮面团调制工艺

1.马蹄粉面团的调制

（1）调制方法。先将马蹄肉切成小粒,另将马蹄粉放入盆中,加入清水搅匀并用细筛过滤成细粉浆。另将清水放入锅中,加白糖煮沸化开过滤成糖水。待糖水稍冷却后与细粉浆一起混合,并放入碎马蹄肉,搅拌均匀。最后取方盘,抹少许油后,倒入马蹄浆,放入蒸笼蒸约20分钟即成。

（2）调制要点如下。

① 掌握粉浆的掺水量。

② 控制糖水和粉浆结合的温度、比例。

③ 糖粉浆必须搅拌均匀。

2.芋角面团的调制

（1）调制方法。先将芋头肉切成片,放入笼内蒸熟,取出趁热塌成泥蓉。另将澄粉放入盆中,加入沸水搅匀成澄面。再将芋头泥和澄面一起混合擦拌,并加入辅料调匀即成。

（2）调制要点如下。

① 原料选料要讲究。应选用质地细腻、组织松软、自然生长熟透、含水量少的芋头。

② 原料熟制后应趁热塌成泥蓉状。

③ 掌握果蔬原料和粉料、粉团的混合比例,并揉透擦匀。

二、杂粮面团的特点

用杂粮制作食品，一般需将原料加工成粉料、泥茸，然后加水调制成面团，或者与面粉掺和再加水调制成面团，最后加工成制品。杂粮面团的原料复杂多样，调制也是各有特点，归纳起来有如下四点：① 原料必须经过精选、加工整理。如用豆类制成沙或干粉，薯类成熟后去皮去筋制成泥或干粉等。 ② 此类原料一般缺少黏性，制作时一般需掺入其他原料一同揉制，以增加强度、黏性，以便于制作，改善制品口味。 ③ 此类原料制作的制品要突出它们的风味特色，因此配料调制也要十分精细、讲究，比例要严格掌握。 ④ 对于某些原料比较鲜嫩，不宜久藏的，要掌握好季节，以突出制品的时令。

第二节 杂粮点心实例

57 萝卜丝油墩子

【制品文化】

油墩子又叫"油灯盏"，是上海流行的小吃，就是把萝卜丝和面放在一个小铁盒里，放到油锅内炸，其形态颇像小油灯盏，故名。上海街头随处都有出售的，其中以德顺兴点心店制作的最为有名。"油灯盏"与"油墩子""油端子"谐音，三名通用，是一种深受老百姓欢迎的一种常见小吃品种。

【原料】

面粉200克，泡打粉3克，白萝卜350克，大河虾10克，精盐10克，味精2克，清水400克，花生油500克（实耗100克），葱末15克。

【制作工艺】

① 将白萝卜刨成火柴梗粗的丝，用纱布挤去水分，放入葱末一同拌匀。大河虾洗净，剪去虾须。

② 面粉加入盐、味精、泡打粉、水拌和成面糊。

③ 锅中油烧至七到八成热，将油墩子模具入锅内，热后用汤勺舀面糊垫底，放入20克萝卜丝，再加30克面糊，河虾放入中间，然后放入油锅中炸至油墩子自行脱去模子浮于油中，表面金黄即可。

【营养成分】

萝卜丝油墩子营养成分表

营 养 项 目	每 份 含 量	单 位	NRV%
能量	1 673.4	千卡	70%
蛋白质	37.3	克	50%
脂肪	105.8	克	158%
碳水化合物	143	克	38%
膳食纤维	12.8	克	51.2%
钙（Ca）	199.3	毫克	25%

（续表）

营 养 项 目	每 份 含 量	单 位	NRV%
铁（Fe）	5.7	毫克	38%
锌（Zn）	1.5	毫克	10%
钠（Na）	4 748	毫克	216%

【制品特点】

色泽金黄,虾色鲜红,香脆松鲜。

【思考题】

① 什么样的萝卜用来制作油墩子比较好?

② 油墩子的面糊的稀稠对制品的质量有什么影响?

58 藕粉圆子

【制品文化】

以藕淀粉制成的藕粉圆子是盐城的一道传统风味点心，至今已有两百多年的历史，此圆采用滚沾法成形，既可做宴席点心又可作为小吃，据传说是一位在宫廷做过御厨的师傅告老还乡时传出来的。1958年在江苏省名菜名点评比中享誉全省。著名作家巴金率访问团莅临建湖城时，曾品尝其味，交口称赞；经济学家费孝通品尝后，在报刊上撰文评价，称之为"珍品"。

【原料】

纯藕粉400克，杏仁15克，脱壳白芝麻30克，蜜枣30克，松子仁15克，金橘饼15克，核桃仁15克，桃酥80克，板油50克，绵白糖50克，白糖150克，糖桂花10毫升，栗粉20克。

【制作工艺】

① 将金橘饼、蜜枣切成细粒；杏仁、松子仁、核桃仁分别烘熟碾碎；芝麻洗净、小火炒熟碾碎；板油去膜剁茸，桃酥碾碎。将上述馅料与白糖拌匀成馅。搓成白果大小的圆球60个，放入冰箱冷冻。

② 将冻好的馅心取一半放入装藕粉的小匾内来回滚动，沾上一层藕粉后，放入漏勺，下到沸水中轻轻一蘸，迅速取出再放入藕粉匾内滚动，再黏上一层藕粉后，再放入漏勺，下到沸水中烫制一会儿，取出再放入藕粉匾内滚动。如此反复五六次即成藕粉生坯，再取另一半依法滚黏。

③ 将生坯放在温水锅内，沸后改用小火煮透，勾琉璃芡。出锅前在碗内放上白糖、糖桂花，浇上汤汁，然后再盛入藕粉圆子。

【营养成分】

藕粉圆子营养成分表

营养项目	每份含量	单位	NRV%
能量	3 628.3	千卡	151%
蛋白质	19.6	克	26%
脂肪	95.1	克	142%
碳水化合物	673.5	克	180%
膳食纤维	8.6	克	34.4%
钙（Ca）	306.7	毫克	38%
铁（Fe）	81.8	毫克	545%
锌（Zn）	4.7	毫克	30%
钠（Na）	162.4	毫克	7%

【制品特点】
色泽棕褐,圆润光滑,半透明状,皮柔软有弹性,馅香甜可口。

【思考题】
① 藕粉的特性与藕粉圆子的特色有什么关系?
② 猪油在藕粉圆子制作过程中有哪些作用?

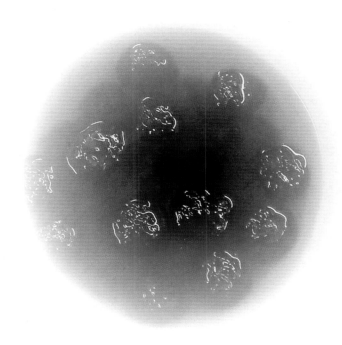

59 荸荠糕

【制品文化】

安徽省庐江县原杨柳乡盛产高品质荸荠,是中国最大的"荸荠之乡"。荸荠口感甜脆,营养丰富,含有蛋白质、脂肪、粗纤维、胡萝卜素、B族维生素、维生素C、铁、钙、磷和碳水化合物。可以生吃,也可以用来烹调;可制淀粉,还可作中药。中医药学认为有止渴、消食、解热功能。荸荠糕是安徽传统甜点名吃之一。以核桃仁、糖桂花等拌和荸荠粉成糊状蒸制而成。其色洁白,呈半透明,可折而不裂,软、滑、爽、韧兼备,味极香甜。

【原料】

荸荠750克,桂花5克,糯米粉200克,核桃仁25克,鸡蛋清3个,冬瓜条10克,白糖150克,青红丝5克。

【制作工艺】

① 核桃仁碾碎,冬瓜条切成末。将荸荠去皮,切成细丝,放在盆内,加入糯米粉、核桃仁末、冬瓜条末、糖桂花、白糖,并将鸡蛋清搅匀拌入,一起搅拌成糊状。

② 在蒸笼布上放一个木质的方框,将荸荠糊倒入,撒上青红丝,盖好笼,用旺火蒸约15分钟取出。

③ 冷却后切成小菱形块装盘即成。

【营养成分】

荸荠糕营养成分表

营 养 项 目	每 份 含 量	单 位	NRV%
能量	1 843.7	千卡	77%
蛋白质	37.3	克	50%
脂肪	16.5	克	25%
碳水化合物	386.5	克	103%
膳食纤维	8.7	克	34.8%
钙(Ca)	100.6	毫克	13%
铁(Fe)	8.3	毫克	55%
锌(Zn)	5.6	毫克	36%
钠(Na)	202.4	毫克	9%

【制品特点】

色白,质地微脆,软而香。

【思考题】

①影响荸荠糕口感的主要原料有哪些?

②这种荸荠糕的制作方法与广东菜中的荸荠糕有什么不同?

60 番薯庆糕

番薯庆糕原是浙江台州地区老百姓充饥的食品，如今被开发成了当地的旅游土特产。从名称上来说，番薯庆糕的叫法也颇为别致。番薯庆糕确切的叫法是"番薯蒸糕"，但台州的"蒸""庆"的读音几近相同。不知是谁，率先将番薯蒸糕写作"番薯庆糕"，"庆"字带有喜庆的色彩，为大家欣然接受。大小饭店的菜单上写的是"番薯庆糕"，当地村民自己印制的包装盒上用的也是"番薯庆糕"，2009年台州政府公布第三批非物质文化遗产名录时，也

确认了这一约定俗成的叫法。粗粮细做的番薯庆糕，包含着稻麦香，这种气味，像是山野的气息，它的颜色，不是洁白，也不是金黄，而是黄褐色，接近于大地的颜色，质朴又如乡人。

【原料】

干番薯丝200克，糯米粉100克，玉米粉100克，白糖50克，糖桂花10克，熟芝麻10克。

【制作方法】

① 将干番薯丝磨成番薯粉（或用多功能搅拌机打成粉）。

② 将番薯粉、糯米粉、玉米粉、白糖加入适量水搓匀成略带潮湿的粉。

③ 将拌好的粉料过筛，然后均匀地铺在蒸笼的笼布上。

④ 在铺好的粉料洒上糖桂花和芝麻，上笼蒸制15分钟左右即成。

【营养成分】

番薯庆糕营养成分表

营养项目	每份含量	单位	NRV%
能量	1 056	千卡	44%
蛋白质	20.5	克	27%
脂肪	9.6	克	14%
碳水化合物	221.9	克	59%
膳食纤维	9.2	克	36.8%
钙（Ca）	123.2	毫克	15%
铁（Fe）	4.7	毫克	31%
锌（Zn）	3.3	毫克	21%
钠（Na）	15.9	毫克	1%

【制品特点】

色泽土黄，番薯味浓，吃口绵软，回味香甜。

【思考题】

① 在糕粉里加入糯米粉和玉米粉各有什么作用？

② 番薯庆糕有什么营养特点？

参考文献

1．朱在勤.苏式面点制作工艺[M].北京：中国轻工业出版社,2012.

2．杨晓蝶.浙江点心[M].杭州：浙江科学技术出版社,2011.

3．邵万宽.中国面点文化[M].南京：东南大学出版社,2014.

4．董顺翔.杭州传统名菜名点[M].杭州：浙江人民出版社,2013.

5．杨存根、闵二虎.名菜名点赏析[M].北京：科学出版社,2012.

6．曹秀英、于壮.中国面食点心谱[M].北京：中国商业出版社,1989.

7．扬州市饮食服务公司.淮扬风味面点五百种[M].南京：江苏科学技术出版社,1988.

8．安徽省饮食服务公司.安徽点心[M].合肥：安徽科学技术出版社,1981.

9．李承智.上海点心[M].上海：上海文化出版社,2001.

10．王明德.上海点心[M].上海：上海文化出版社,2011.

图书在版编目(CIP)数据

淮扬名点制作/丁玉勇,张丽,赵翠云主编. —上海:复旦大学出版社,2015.11(2021.8重印)
(复旦卓越·21世纪烹饪与营养系列)
ISBN 978-7-309-11632-8

I. 淮… II. ①丁…②张…③赵… III. 面点-制作-中国-高等职业教育-教材 IV. TS972.116

中国版本图书馆 CIP 数据核字(2015)第 159588 号

淮扬名点制作
丁玉勇 张 丽 赵翠云 主编
责任编辑/岑品杰 王雅楠

复旦大学出版社有限公司出版发行
上海市国权路 579 号 邮编:200433
网址:fupnet@ fudanpress.com http://www.fudanpress.com
门市零售:86-21-65102580 团体订购:86-21-65104505
出版部电话:86-21-65642845
上海锦佳印刷有限公司

开本 890×1240 1/16 印张 9.25 字数 223 千
2021 年 8 月第 1 版第 2 次印刷

ISBN 978-7-309-11632-8/T·543
定价:38.00 元